演習 確率のはなし

大村 平 [監修] 小幡 卓 [著]

日科技連

監修のことば

　拙著『確率のはなし』などの，通称「はなしシリーズ」が日科技連出版社によって刊行されてから，すでに30余年が経ちました．その間，時流に合わせて内容や表現の一部を改訂したとはいえ，いまでも，まだ，多くの方々が取り上げてくださることに心から感謝するとともに，密かに誇らしく思っています．

　その一方で，たとえば『確率のはなし』が，「確率」を手軽に楽しんでいただくことを目的としたために，確率論のごくごく入門のレベルに限定されてしまい，実用上の見地からも物足らず，また，大学教育を受ける準備としても十分とはいえないとの声も聞こえてまいります．

　そこで，「確率」をいっそう深く理解して，幅広い分野で存分に役立てていただくために，日科技連出版社によって，新しく『演習　確率のはなし』の刊行が企画されました．具体的で広範な演習問題をご一緒に解きながら，確率の本質をいっそう深く見つめ，確率つかいの達人の域に昇りつめようというわけです．

　このような経緯がありますので，この『演習　確率のはなし』は，独立した一冊の読みものではありますが，『確率のはなし』の応用編，あるいは演習編のような性格を持っています．そこで，両者の重複をなるべく避けるために，『確率のはなし』に紹介された確率およびその計算の基礎的な事項は，この本では省略することにしました．恐縮ですが，『確率のはなし』の内容を思い出しながら，この本を読んでくださるよう，お願いいたします．

　なお，この本を執筆した小幡　卓さんは，私の最も信頼する友人のひとりです．小幡さんは，防衛大学校を卒業して航空自衛隊に入り，飛行機，ミサイル，レーダーなどのシステム開発や管理に幅広い能力を発揮するとともに，ORの分野でも実力者として知られ，アメリカのレンセラー工科大学から博士(Ph. D.)の称号を贈られるなど，高い学識と能力は十分に実証ずみです．加えて，『ゲームの知的必勝法』(日刊工業新聞社)などの著書もあり，本の執筆について

監修のことば

の腕の冴えも，知る人ぞ知るです．

　こうして，小幡さんが書き上げてくれた原稿を通読してみると，まさに，私の期待どおりです．これなら，どなたにでも，自信をもって，おすすめできます．どうぞ，本書を通読されて，確率という神秘的な概念を正確に把握され，社会活動や人生の正しい指針とされますよう，期待いたします．

　2005年5月

大　村　　平

まえがき

　確率・統計関連の本には，ほとんどの場合，正規分布表，t 分布表，カイ 2 乗分布表，F 分布表などの確率表が巻末に載っています．

　しかし，この本にはそれがありません．かわりに載っているのは Microsoft 社の Excel の統計関数による計算法です．なぜなら，そのほうが読者の方々のお役に立つと思ったからです．

　けれども，この本は Excel の解説書ではありません．数値計算の直前までは，内容を読んで理解しておいていただかなければなりません．それに，決して確率表なんかいらない，確率表の使い方など知らなくてもいいと言っているわけでもありません．

　この本に確率表がないのは，大村　平著の『確率のはなし(改訂版)』と対の演習問題集になっているからで，基本的な確率表の使い方はそこで十分に学んでいただいている，という前提に立っているからです(まだお読みでない方は，ぜひ読んでみてください)．

　ですからこの本では，『確率のはなし(改訂版)』で説明されている専門的な用語や，基礎的な考え方についても，できるだけ繰り返さないようにしました．読者の方々には，このあたりのことをご理解いただいたうえで読んでいただければ幸いです．

　確率の達人になる最もよい方法は，問題を繰り返し解くことです．そうなっていただくために，演習には基礎的な問題のほかに，ある程度レベルの高い応用問題も盛り込むよう工夫しました．やさしい問題から始め，自信がついたら，順次応用編に進まれることをおすすめします．ところどころにはミニクイズもあるので，まずは自分で考えて，チャレンジしてみてください．

2005 年 6 月

小　幡　　　卓

目　次

監修のことば …………………………………………………………… iii
まえがき ………………………………………………………………… v
登場人物紹介 …………………………………………………………… x

第1章　確率計算のコツ …………………………………………… 1

第1節　確率は比率計算である ……………………………………… 2
　演習問題1　　5
第2節　コトバ(専門用語)と記号の特訓講座 ……………………… 8
　演習問題2　　19
第3節　ベイズの定理 ………………………………………………… 31
　演習問題3　　35
第4節　組合せ計算 …………………………………………………… 38
　演習問題4　　42
第5節　確率密度関数と累積分布関数 ……………………………… 51
第6節　確率変数の平均値・期待値および分散 …………………… 54
第7節　ゲームの期待値 ……………………………………………… 56

第2章　いろいろな確率分布 ……………………………………… 59

第1節　超幾何分布 …………………………………………………… 59
　演習問題5　　67
第2節　2項分布 ……………………………………………………… 70

目　次

　　演習問題6　　72
　第3節　正規分布 …………………………………………81
　　演習問題7　　86
　第4節　2項分布の正規分布による近似 ………………89
　　演習問題8　　92
　第5節　チェビシェフの不等式 …………………………93
　　演習問題9　　96
　第6節　幾何分布 …………………………………………98
　　演習問題10　　98
　第7節　ポアソン分布 ……………………………………102
　　演習問題11　　106
　第8節　パスカル分布(負の2項分布) …………………109
　　演習問題12　　111
　第9節　一様分布 …………………………………………113
　　演習問題13　　113
　第10節　指数分布 …………………………………………116
　　演習問題14　　118
　第11節　平均故障間隔 ……………………………………120
　第12節　アーラン分布 ……………………………………121
　　演習問題15　　122
　第13節　ワイブル分布 ……………………………………124
　　演習問題16　　126
　第14節　確率変数の関数の分散 …………………………128
　　演習問題17　　131
　第15節　サンプル抽出による品質検査 …………………133
　　演習問題18　　135
　第16節　ゲームの確率 ……………………………………138
　　演習問題19　　139

目 次

付録1　確率分布の平均と分散 ……………………………………151
付録2　統計関数の Excel 関数形 …………………………………152

本文イラスト：デザインオフィス・カーネル

登場人物紹介

●博士●

『統計のはなし』や『確率のはなし』の著者として有名な大村 平博士のイメージ（筆者の元上司です）．

航空自衛官として最高位の航空幕僚長までのぼり詰めた人ですが，確率統計の専門家でもあります．わかりやすい語り口で書かれた数々の著作には，愛読者が多く，たくさんの熱狂的なファンがいます．この本では，難しい確率の話をとてもわかりやすく教えてくれる専門家として登場してきます．

●ちび丸●

ドングリに似ていますが，れっきとした高校生です．将来の希望は商社の営業マンになること．そのことを博士に話したところ，それなら統計や確率の知識が必要だと教えられて，家庭教師を買って出た博士の贅沢な個人授業を受けることに……．向学心は旺盛ですが，ややおっちょこちょいのところがあります．

第1章　確率計算のコツ

ちび丸：博士，確率と統計は一緒にされることが多いようですが，どう違うのですか．

博士：統計は本来，「データを集めて処理する」という意味を持っている．官庁が発行する白書にも「医療統計」「住宅統計」などの言葉が使われているが，すべて調査で集めた数値データが基礎になっている．

　一方，確率は，統計データ処理の土台だ．両者は密接な関係にあるが同じではない．確率はそれ自身で独立した学問体系を持ち，必ずしもデータを必要としない．

　たとえば，サイコロを振って出る目の値が4である確率は，計算だけで求められる．これに対して，統計はまず基礎データがあることを前提にしている．

ちび丸：ところで，博士．私は将来，商社に入って営業部門で勤務したいのですが，確率や統計の知識が必要ですか．

博士：当然だ．企画書ひとつを書くにもデータをまとめる必要がある．また，市場調査で，何がどの程度売れるかをアンケート調査する場合にもデータ処理が必要だ．消費者によって嗜好も違うから，どのような商品を選ぶかも違う．何をどれだけ製造すればいいか，という最適販売戦略を立てるにもデータ処理技術が必要だ．

ちび丸：なるほど．でも，確率や統計と聞くと難しそうですね．

博士：そうでもないぞ．順を追っていけばどうということはない．私が個人授業で鍛えてやろう．手始めに確率の基礎から勉強していくとしよう．わからないところは遠慮なく質問してもらいたい．

第1章　確率計算のコツ

ちび丸：では博士，よろしくお願いします．

第1節　確率は比率計算である

ちび丸：博士，「科学が進歩してすべての情報がわかるようになればサイコロを振ったときに出る目をあらかじめ予測できるようになる」という人がいますが本当ですか？

博士：さて，君はどう思うかな．

ちび丸：サイコロを振るときの手の動きや，机の上に跳ね返るサイコロの動きなどをすべて計算できれば，どの目が出るか，わかるのではないかという気もしますが……．

博士：理論上はそうだが，実際にはそんなことはできない．実は，サイコロを構成している分子1個程度の動きにわずかな違いがあっても，何度か跳ね回っているうちに，その違いが目の出方の違いになることが証明されている．分子レベルの動きの差などコントロールできないから，「サイコロの目の出方を予測することは不可能」ということだ．

　このように，わずかな違いが大きな結果の差となって現れることを「カオス（混沌）の理論」というのだが，天気の予想もこれに似ている．ある地域のわずかな気温や湿度の違いが，数日後には雨か晴れかの違いとなって現れる．だから，いくらコンピュータが発達しても天気予報は100％当たるとは限らない．

　このように，確率は，世の中には予測不可能なことがあるという前提の上に成り立っている学問だ．

　世の中の出来事が100％予想できるなら確率は必要ない．どうなるかわからないから確率が必要なのだ．予想される結果が起こる可能性を数字で表したのが確率だ．確率の値は，絶対確実でも1（＝100％）だから，それより大きな値をとることはなく，常に1以下となる．

第1節　確率は比率計算である

$$\text{ある事象の起こる確率} = \frac{\text{ある特定のことがらの可能性の数}}{\text{すべてのことがらの可能性の数}}$$

「確率計算」を行うにあたって，最初に頭に叩き込んでおくことがある．それは，確率とは**全体と部分の比**だということだ．比の分母が全体，分子が部分を表す．値は常にプラスで，マイナスの値をとることはない．

だから，確率の問題を与えられたら，まず最初に何が全体で，何が部分かをしっかりと見極めることが大切なのだ．

ちび丸：博士，自分で絶対自信を持ってやれることを「確率100％でできる」と言ってもいいですか？

博士：自分や他人が結果を左右できるものは確率の対象にはならない．確率は，誰にもコントロールできない偶然が入り込むものだけに当てはまるのだ．「今日，雨が降る確率は50％です」という天気予報があるが，あれは予報がお天気任せだから言えるので，もし天気をコントロールできるようになれば予報も変わってくるだろう．そこでまず，ちび丸，10円玉を投げ上げたらどうなるかな？

ちび丸：裏が出るか表が出るかの2つの結果しかありません．

博士：そうだ．だから，上面が裏である確率は{裏，表}という全体に対する{裏}という部分の面積比ということになる．

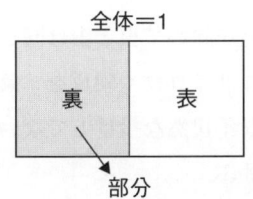

ちび丸：つまり，1/2ですね．

博士：そう簡単に言ってもらっては困る．起こりうることがらの数の比だけで，単純に確率が1/2と言うことはできない．私は明日大金持ちになっているか，なっていないかのどちらかだから，大金持ちになっている確率は1/2だ，と言

第1章　確率計算のコツ

えるかね．
ちび丸：いつも金欠病の博士が急に金持ちになるわけはありません．
博士：言い方は引っかかるが，そのとおりだ．私が大金持ちになる確率は限りなく小さいのに対して，金欠のままの確率は1に近い．だから，確率を計算するには，事象だけではなく**起こりやすさ**も考慮する必要がある．

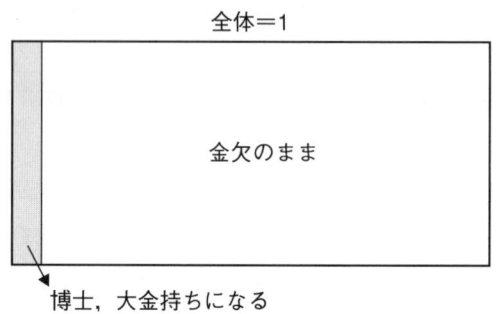

　たとえば，何らかの理由で硬貨が偏っていて，裏のほうが表より2倍出る確率が多いなら，裏が出る確率は，分母を全体，分子を部分として，

$$\frac{\{裏\}}{\{裏, 表\}} = \frac{2}{2+1} = \frac{2}{3}$$

としなければならない．

　ただ，普通のサイコロなら，ある目が他の目より出やすいと信じる理由はないように，硬貨も特別の場合を除いて裏と表は同じように出やすいと仮定しても差し支えない．そのようなサイコロや硬貨を「**偏りがない**」という．また，わざと特定の目が出るような不自然な投げ方でない投げ方を，**無作為な試行**，あるいは**ランダムな試行**と呼ぶ．

　普通は，わざわざ断らなくても**試行**といえば，「偏りのない硬貨やサイコロを使った無作為な試行」という前提がついている．

ちび丸：博士，**ランダム**とはどのような意味ですか．
博士：ランダムとは「規則性がないバラバラの状態」をいう．規則性がないから予測もできない．世論調査を行う場合，対象となる人を住民名簿からランダ

第1節　確率は比率計算である

ムに選ぶ，といえば，特定の意見や政党に偏った人たちだけを選び出すのではない，という意味だ．

英語では，「偏りのないサイコロを無作為に振ったときに出る目は1から6までのランダム・ナンバーである」というように使われる．

ランダムは，日本語では**無作為**，ランダム・ナンバーは，**乱数**と訳されているが，これらはまったく同じ意味ではない．だから，無作為ではなく，そのままランダムという言葉が使われることも多い．

◆ ◆ ◆ 演習問題1 ◆ ◆ ◆

1-1 偏りのないサイコロを振ったときに，3の目が出る確率を求めなさい．

確率計算は，全体(**分母**)と部分(**分子**)を定義することから始まります．

サイコロを投げたときに出る可能性がある目は，1，2，3，4，5，6の6つです．

したがって，**分母**は1から6の目で，**分子**は3の目です．偏りのないサイコロの場合，求める確率は数の比になるから，1/6となります．これは「6つに仕切られた同じ大きさの小部屋の中に，無作為にボールを投げ込んだら3の小

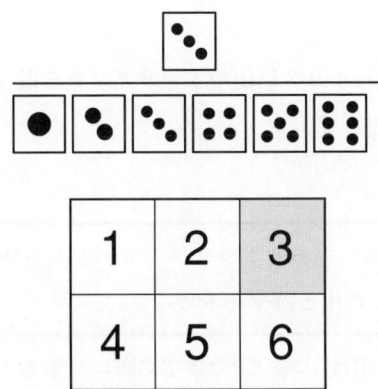

部屋に入る確率はどのくらいか」という問題と同じです．

ただし，サイコロに偏りがあるかどうかは，問題です．実際に偏りがあるかどうかを確かめようと思ったら，サイコロを1個ずつ，何千回も振ってテストしなければなりません．そんなことはできませんから，問題には「偏りがないものとすれば」というただし書きがしてあります．もし，偏りがある場合には，次の問題1-2のように考えます．

1-2 偶数の目が，奇数の目より2倍出やすいサイコロを振ったときに，それぞれの目が出る確率を求めなさい．

この場合には，確率に比例して偶数の部屋の数を2倍にします．次の図から明らかなように，1，3，5の目が出る確率はそれぞれ1/9，また，2，4，6の目が出る確率はそれぞれ2/9となります．

1	2	2
3	4	4
5	6	6

> **ミニクイズ**
> 偶数の目が奇数の目より3倍出やすいサイコロを振ったときに，4の目が出る確率は＿＿＿＿です．

1-3 よくシャッフルしてあるトランプ・カードから無作為に1枚抜いたとき，スペードのAが出る確率を求めなさい．

カードを抜き取る問題は，次の図で数字の書いてある小部屋にボールを投げ

第1節　確率は比率計算である

込んだら，どの仕切りに入るか，という問題と同じです．仕切りの大きさは，どれも同じと考えてよいでしょう．

したがって，どの仕切りにボールが入る確率も 1/52 となります．スペードの A が出る確率も当然 1/52 です．単に，A が出る確率を求める問題であれば，答えは 4/52＝1/13 となります．

♣	A	2	3	4	5	6	7	8	9	10	J	Q	K
♦	A	2	3	4	5	6	7	8	9	10	J	Q	K
♥	A	2	3	4	5	6	7	8	9	10	J	Q	K
♠	A	2	3	4	5	6	7	8	9	10	J	Q	K

1-4 サイコロを2回続けて振ったときに，出た目の合計が8となる確率を求めなさい．

サイコロを1回振ると6通りの目が出ます．2回振れば，6×6＝36 通りの異なった**組合せ**の目が出ます．

1個目のサイの目

	1	2	3	4	5	6
1	2	3	4	5	6	7
2	3	4	5	6	7	8
3	4	5	6	7	8	9
4	5	6	7	8	9	10
5	6	7	8	9	10	11
6	7	8	9	10	11	12

2個目のサイの目

よって，計算式の分母は 36 です．一方，目の合計が 8 になる組合せの数は前の図から 5 通りです．したがって，求める確率は 5/36 となります．

ところで，前の図を見るとサイの目の合計が 2 と 12 のケースでは，組合せは 1 通りしかないことがわかります．それに比べて合計が 7 になるケースは組合せが 6 通りもあります．それは，2 や 12 よりも 7 のほうが，出方の数が多いのです．2 つのサイコロの目の合計が 2 になる場合より 7 になるケースのほうが多いのですから当然のことです．

マメ知識：確率論の起源

世界で最初に出版された確率関連の書物は，1657 年にホイゲンスという人が書いた『ゲームのチャンス』という本であるといわれています．当時の有名な数学者パスカルやフェルマーは，ゲームに勝つための確率問題に包括的に取り組み，1654 年に成果を発表しましたが，書物の形で出版された記録はありません．今日いわゆる「確率論」といわれている数学分野が誕生したのは 17 世紀になってからのようです．

第 2 節　コトバ（専門用語）と記号の特訓講座

博士：よくシャッフルしたトランプ・カードからカードを 1 枚引いたとき，「引いたカードが A（エース）である」という「出来事」を，確率論では**事象**と呼んでいる．これを A という記号で表すと，その事象 A が起こる確率は $P(A)$ と書くのが一般的になっている．

ちび丸：確率の記号には，なぜ P を使うのですか．

博士：確率のことを英語で Probability というので，その頭文字をとったのだ．ところでちび丸，「引いたカードが A である」という事象を A として，$P($引いたカードが A である$) = P(A)$ を求めることができるかな？

ちび丸：52 枚のうち，A の数は 4 枚あります．確率は「**分母と分子の比**」な

第2節　コトバ(専門用語)と記号の特訓講座

ので，

$$P(A) = \frac{A \text{の枚数}}{\text{トランプ・カードの枚数}} = \frac{4}{52} = \frac{1}{13}$$

となります．

博士：では，「引いたカードが奇数である」事象を O，「カードが偶数である」事象を E，「カードが Q(クイーン)である」事象を Q として，それらが起こる確率を記号で表してみなさい．

ちび丸：52枚のカードのうち，奇数は28枚，偶数は24枚，Qは4枚です．だから，

$$P(O) = \frac{28}{52} = \frac{7}{13}$$
$$P(E) = \frac{24}{52} = \frac{6}{13}$$
$$P(Q) = \frac{4}{52} = \frac{1}{13}$$

です．でも，Q とか E とか，式で書くとあじけないですね．

博士：必要な内容を正確に表すには，文章より記号で表したほうがいいぞ．たとえば，「2枚のカードが，Aか，あるいはK(キング)である確率はどのくらいか」と「2枚のカードが，それぞれAとKである確率はどのくらいか」という問題を，言葉で正確に記述しようとすると大変むずかしい．

　このような場合でも，∪(オア)と∩(アンド)記号を使えばうまく区別できるのだ．そこで，いまから記号に慣れるための特訓講座を始めることにしよう．

ちび丸：∪や∩もまた，奇妙な記号ですね．

博士：∪は論理和と呼ばれ，「または」の意味で使われる．∪記号の両側にある事象のどちらか一方が真なら，この記号で組み合わさった全体が真となることを意味する．たとえば，$A \cup B$ を四角の中にある丸で表すと，次の図で塗りつぶした部分になる．これを A, B の**和事象**と呼んでいる．

　確率は「全体に対する部分の面積比」だから，次の図もそのようになっている．四角の面積は1で，塗りつぶした部分の面積が，$P(A \cup B)$ という**事象の**

第1章　確率計算のコツ

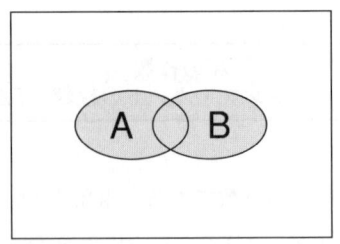

確率を表す．

　では，ちび丸，「奇数であるという事象」を O としたとき，「1枚目のカードが A（エース）であるか，2枚目のカードが奇数である」ことをどのように書くかな？

ちび丸：ハイ，$\underset{\underset{\text{1枚目のカード}}{\uparrow}}{A} \cup \underset{\underset{\text{2枚目のカード}}{\uparrow}}{O}$ です．

博士：そうだ．簡単だったかな．

　次は $\cap$ の記号だ．これは論理積と呼ばれていて，「および」の意味で用いられる．$\cap$ 記号の両側の事象が，同時に起こること意味する．たとえば，次の A, B の共通域の塗りつぶした部分が $A \cap B$ となる．これを A, B の**積事象**という．積事象 $A \cap B$ は和事象 $A \cup B$ よりも面積が小さい．理由はわかるかな．

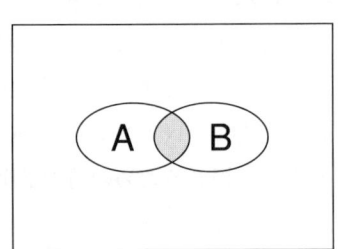

ミニクイズ

　$H=$ 引いたカードがハートである，$E=$ 引いたカードが偶数である，とする．このとき，52枚のカードのうち，$H \cup E$ の枚数は ☐ 枚，$H \cap E$ の枚数は ☐ 枚である．

第2節　コトバ(専門用語)と記号の特訓講座

博士：さて，記号の上に否定記号 −(バー)をつけると，その記号の意味を否定する表現になる．たとえば，「A である」の否定は「A でない」となり，記号では $\bar{A}$(A バー)となる．$\bar{A}$ を A の**余事象**と呼ぶこともある．

　図で示すと，次のように $A \cup \bar{A}$ の領域は四角一杯に広がっている．論理記号では，**全体空間の意味である** Ω(オメガ)を使って，$A \cup \bar{A} = \Omega$ と書くことがある．

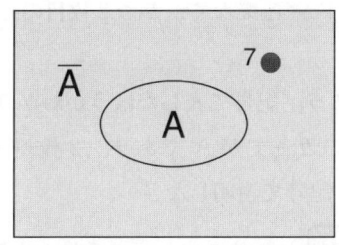

ちび丸：でも博士，たとえば，カードが7ならどうなりますか．
博士：7は A ではないから $\bar{A}$ だ．$\bar{A}$ は $\bar{A} \cup A$ の中には含まれているから，$P(A \cup \bar{A}) = 1$ となる．したがって，この式はつねに成り立つから**恒真式**と呼ばれている．

　記号が組み合わさった**論理式**でも，上に否定記号−をつけると意味が逆になる．先ほど「1枚目のカードが A であるか，2枚目のカードが奇数である」事象は $A \cup O$ だといったが，その否定はどのように書けるかな？
ちび丸：$\overline{A \cup O}$ ですか？
博士：そのとおり．ところで，この式はさらに分解できる．ちび丸は，**ド・モルガンの法則**というのを知っているかな？
ちび丸：知りません．
博士：この法則は，∩ の否定は ∪ になり，∪ の否定は ∩ になる，と述べている．だから $\overline{A \cup O} = \bar{A} \bar{\cup} \bar{O} = \bar{A} \cap \bar{O}$ となる．次の図の塗りつぶした部分がそれだ．

　では，ちび丸，「1枚目のカードが A か，2枚目のカードが奇数である」の否定は何かな．言葉で述べてごらん．

11

第1章 確率計算のコツ

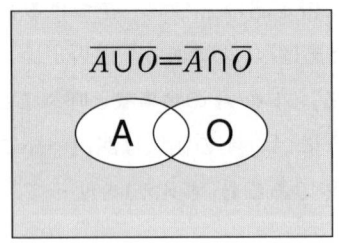

ちび丸:「1枚目のカードがAでなく,かつ2枚目のカードが奇数でない」です.

博士:頭が混乱するだろう.記号で表したほうがわかりやすいということだ.
　では,次に「1枚目のカードがAであり,2枚目のカードが奇数である$A \cap O$」の否定は何か.記号で説明しなさい.

ちび丸:$\boxed{\overline{A \cap O} = \overline{A} \cup \overline{O}}$ となります.言葉では,1枚目のカードがAでないか,2枚目のカードが奇数でない,です.

博士:そうだ.図では,次の塗りつぶした領域になる.

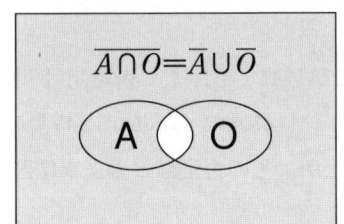

ミニクイズ
　$\overline{A} \cup B$ の否定は _____ である.

博士:ちび丸,これらは確率計算の基礎だからおろそかにはできないぞ.では,A=「1枚目のカードがAである」,E=「1枚目のカードが偶数である」ならば,$P(A \cap E)$ はどうなるかな?

ちび丸:博士,A と E は共通部分がありません.だって,A はつねに奇数で

第2節　コトバ(専門用語)と記号の特訓講座

すから．
博士：ならば，図で書いてみなさい．
ちび丸：次のようになります．

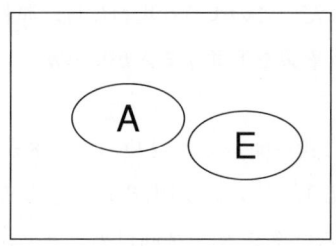

博士：そうだな．AとEがバラバラで重なるところがなければ，共通部分の面積は0だ．だから$P(A\cap E)$は0になる．「AとEが同時に真であることはありえない」ときに，AとEを**排反事象**と呼び，これを論理記号で$A\cap E=\phi$と書く．ϕ(ファイ)は中身が空という意味だ．

　さて，積事象$A\cap B$の確率を求めるには，
$$P(A\cap B)=P(A)\times P(B|A)$$
という式が使われる．$P(B|A)$は，**Aがすでに起こってしまった条件でBが起こる確率**を表している．だから，**条件確率**と呼ばれている．もし，試行Aと試行Bが独立ならば$P(B|A)=P(B)$だから，
$$P(A\cap B)=P(A)\times P(B)$$
となる．つまり，AとBの積事象が起こる確率は，AとBそれぞれが起こる確率の積になる．

ちび丸：博士，AとBが独立とはどういうことですか．
博士：Aの結果が何であっても，Bに一切かかわりを及ぼさないということだ．

　たとえば，カードを1枚抜いてチェックしたら，またもとに戻す試行では，これをむずかしい言葉で**反復抽出**というが，最初に出たカードの数が何であろうと，次のカードの出方には影響を及ぼさない．だから，同じカードが何回も出る可能性がある．この場合には1回目のカードの数と2回目のカードの数の

出方は「独立である」といえる．

ところが，1枚ずつ抜いていき，もとに戻さなければ，これを**非反復抽出**という．この場合，2回目に1枚目と同じカードが出ることはない．つまり，同じカードが出る確率は0だ．このような場合には，試行は独立とはいえない．

だが，**独立事象と排反事象を混同する人がいるが，これらは別の概念だから**間違ってはいけないぞ．

そこで問題だ．いまの式を使って，52枚のカードから続けて2回カードを引いたときに，両方ともK(キング)が出る確率を求めてみなさい．ただし，最初のカードがKである確率をK_1，2回目のカードがKである確率をK_2としよう．

ちび丸：ハイ．

$$P(K_1 \cap K_2) = P(K_1) \times P(K_2 | K_1) = \frac{4}{52} \times \frac{3}{51} = 0.0045$$

となります．

博士：2枚目のKが出る確率が3/51なのはなぜかね？

ちび丸：だって，最初にすでに1枚抜かれているので，カードの残りは51枚で，Kの残りは3枚しかないでしょう．

博士：わかっているな．それが**条件確率**ということの意味なのだ．

では同じ問題で，最初のカードを引いたら，それをもとに戻して2回目の試行を行う場合はどうかな？

ちび丸：その場合には，カードの残りは52枚，Kは4枚残っているので，

$$P(K_1 \cap K_2) = P(K_1) \times P(K_2 | K_1) = P(K_1) \times P(K_2)$$
$$= \frac{4}{52} \times \frac{4}{52} = 0.0059$$

となります．

博士：反復抽出では独立事象となって同じ値のかけ算になる．独立事象とそうでない場合の違いがわかったかな．

第2節 コトバ(専門用語)と記号の特訓講座

> ミニクイズ
> 52枚のトランプ・カードから続けて3枚引いたとき,それらがすべてハートである確率は,
> $$\frac{\Box}{52} \times \frac{\Box}{51} \times \frac{\Box}{50}$$
> である.

次に,和事象 $A \cup B$ の確率を求めよう.残念ながら,和事象の確率は,各事象の単純な足し算とはならず,$P(A \cup B) = P(A) + P(B) - P(A \cap B)$ となる.

ちび丸:右辺で $P(A \cap B)$ を引いてあるのはなぜですか.

博士:$P(A)$ と $P(B)$ を足しただけでは,$A \cap B$ の領域を2回数えたことになるから,この部分を引き戻しているのだ.

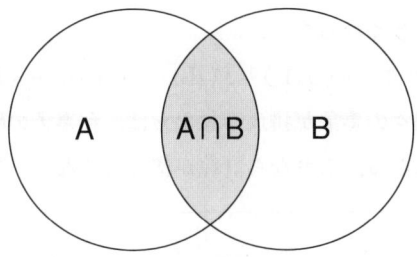

ちび丸:そういうことですか.それなら,丸が A, B, C の3つある場合には,次のようになるのですね?

$$P(A \cup B \cup C) = P(A) + P(B) + P(C)$$
$$- P(A \cap B) - P(B \cap C) - P(C \cap A)$$
$$+ P(A \cap B \cap C)$$

博士:なぜ最後に $P(A \cap B \cap C)$ を足しているのかな?

ちび丸:$A \cap B, B \cap C, C \cap A$ の部分を3回引くと,その部分が空っぽにな

るので足し戻しているのです．各領域が，ちょうど1層ずつになるように足したり引いたりすればいいということです．

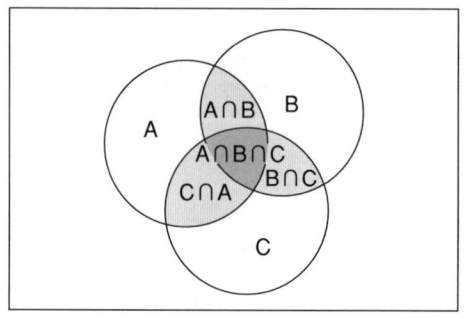

博士：わかっているじゃないか．ただし，もし A, B, C がバラバラの排反事象なら $P(A\cap B), P(B\cap C), P(C\cap A)$ はすべて0だから，
$$P(A\cup B) = P(A) + P(B)$$
$$P(A\cup B\cup C) = P(A) + P(B) + P(C)$$
となる．さらに数が多くなっても，
$$P(A_1\cup A_2\cup \cdots \cup A_n) = P(A_1) + P(A_2) + \cdots + P(A_n)$$
となる．つまり，個々の事象が排反事象ならば，和事象の確率はそれぞれの事象の確率の足し算になる．これなら計算が楽になるな．

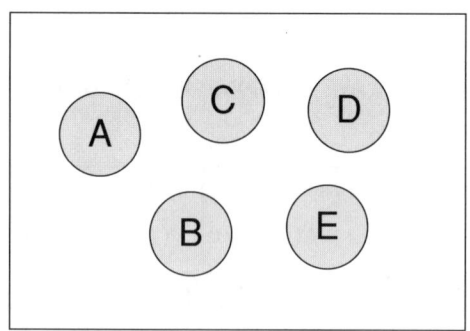

さて，次は少々手強いぞ．52枚のカードから続けて2枚を引いたとき，それが2枚ともQかJである確率はどのくらいかな？ 事象をそれぞれ Q, J と

第 2 節　コトバ(専門用語)と記号の特訓講座

しなさい．

ちび丸：Q か J というのは，$Q \cup J$ の確率を求めるのですか？

博士：$Q \cup J$ とすると，Q か J のどちらかが起こるという意味になる．2 枚ともQ か J である，というなら積事象だ．

ちび丸：それなら，最初が Q で，次が J となる確率ですから，$P(Q \cap J) = P(Q) \times P(J|Q) = \dfrac{4}{52} \times \dfrac{4}{51} = 0.0060$ となります．

博士：そうかな？　では，Q と J をまとめて考えてみよう．全部で 8 枚となる．続けて引いたときに，1 枚目，2 枚目に両方ともこのカードが含まれる確率は，

$$\dfrac{8}{52} \times \dfrac{7}{51} = 0.0210$$

となる．これとちび丸の答えは違うね．

ちび丸：アレ，おかしいな……．ああそうか，私の式は最初に Q が出て，それから J が出る確率だから，逆の場合も考えないといけませんね．だから，

$$P(J \cap Q) = P(J) \times P(Q|J) = \dfrac{4}{52} \times \dfrac{4}{51} = 0.0060$$

両方を足して 0.0120 と．アレレ，これでも違いますね．

博士：君は 1 回目と 2 回目のどちらにも Q や J が出る確率を忘れている．それらも加えなければダメだ．

ちび丸：2 回とも Q である確率は，

$$\boxed{P(Q \cap Q) = \dfrac{4}{52} \times \dfrac{3}{51} = 0.0045}$$

2 回とも J である確率も，同じく，

$$\boxed{P(J \cap J) = \dfrac{4}{52} \times \dfrac{3}{51} = 0.0045}$$

となります．だから全部足すと 0.0210 になって博士の答えと同じになります．でも博士，問題は，**Q と J が両方含まれている確率**を求めよ，ではなかったですか．

博士：そんなことは言ってないぞ．**2枚ともQかJである確率**はどのくらいかな，と言ったのだ．2枚ともQでもおかしくはないだろう．

ちび丸：まいりました．日本語はむずかしいですね．

博士：だから間違いを少なくするためにも記号で表すほうがいいのだ．

では，次の式といこう．事象 $A_i(i=1, 2, \ldots, n)$ がお互いに独立なら次式が成立する．これは，今の議論で数が n の場合だ．

$$P(A_1 \cap A_2 \cap A_3 \cap \cdots \cap A_n) = P(A_1) \times P(A_2) \times \cdots \times P(A_n)$$

とくに，

$P(A_i) = p$（ただし，$i=1, 2, \cdots, n$）ならば，

$$P(A_1 \cap A_2 \cap A_3 \cap \cdots \cap A_n) = p^n$$

となる．たとえば，サイコロを続けて6回振ったとき，すべて6の目である確率はどうか，といわれたら，

$$\frac{1}{6} \times \frac{1}{6} \times \cdots \times \frac{1}{6} = \frac{1}{6^6} = \frac{1}{46656} = 0.0000214$$

とすればよい．

次に，事象 A_i の論理和と $\overline{A_i}$ の論理積を次のように表すことにしよう．

$$A_1 \cup A_2 \cup A_3 \cup \cdots \cup A_n = \bigcup_{i=1}^{n} A_i$$

$$\overline{A_1} \cap \overline{A_2} \cap \overline{A_3} \cap \cdots \cap \overline{A_n} = \bigcap_{i=1}^{n} \overline{A_i}$$

$\bigcup_{i=1}^{n}$ や $\bigcap_{i=1}^{n}$ という記号に驚くことはない．短くまとめただけだからな．この2つはお互いに余事象の関係にある．なぜなら，

$$P\left(\bigcup_{i=1}^{n} A_i\right) = 1 - P\left(\bigcap_{i=1}^{n} \overline{A_i}\right)$$

となるからだ．ちび丸，なぜこうなるか，わかるかな？

ちび丸：わかりません．

博士：簡単だ．

$$\overline{\bigcup_{i=1}^{n} A_i} = \overline{A_1 \cup A_2 \cup \cdots \cup A_n} = \overline{A_1} \cap \overline{A_2} \cap \cdots \cap \overline{A_n} = \bigcap_{i=1}^{n} \overline{A_i}$$

第2節 コトバ(専門用語)と記号の特訓講座

となるからだ．式の意味を説明できるかな？

ちび丸：エーと，$A_1, A_2, \cdots, A_n$ のうちのどれかが起こる事象の否定は，$A_1, A_2, \cdots, A_n$ のどれも起こらない事象に等しいです．

博士：そのとおりだ．だから，$A_1, A_2, \cdots, A_n$ のうちのどれかが起こる確率は，1から $A_1, A_2, \cdots, A_n$ のどれも起こらない確率を引いたものになる．つまり，

$$P\left(\bigcup_{i=1}^{n} A_i\right) = 1 - P\left(\bigcap_{i=1}^{n} \overline{A_i}\right)$$

というわけだ．この式は，**少なくとも1回は……する確率はどれだけか**という問題を解くときに役立つ．たとえば，**サイコロを4回振ったとき，少なくとも1回は2の目が出る確率**は，1から，4回とも2の目が出ない確率を引けばよいから，

$$1 - \left(\frac{5}{6}\right)^4 = 0.5177$$

となる．

ミニクイズ

サイコロを10回振ったとき，少なくとも1回は1か6の目が出る確率は，

$$1 - \left(\frac{\Box}{\Box}\right)^{10} = \Box$$

◆ ◆ ◆ 演習問題2 ◆ ◆ ◆

2-1 事象が4つの場合について，考えられるすべての積事象を含んだ図を書き，和事象を計算しなさい．

次のとおりです．

$P(A \cup B \cup C \cup D)$
$= P(A) + P(B) + P(C) + P(D)$

第1章 確率計算のコツ

$$-P(A\cap B)-P(B\cap C)-P(C\cap D)-P(A\cap C)-P(A\cap D)-P(B\cap D)$$
$$+P(A\cap B\cap C)+P(A\cap B\cap D)+P(A\cap C\cap D)+P(B\cap C\cap D)$$
$$-P(A\cap B\cap C\cap D)$$

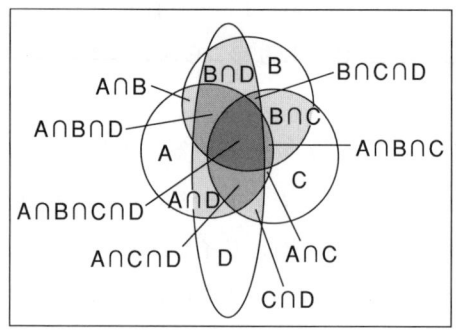

2-2 シャッフルしたトランプ・カード 52 枚の中から続けて 3 枚を抜き出したとき, 3 枚とも赤いカードである確率を求めなさい.

トランプ・カードのうち, ハートとダイヤは赤いカード, クラブとスペードは黒いカードです. 赤いカードが出るという事象を R_1, R_2, R_3 として計算すると,

$$P(R_1\cap R_2\cap R_3)=P(R_1)\times P(R_2|R_1)\times P(R_3|R_1\cap R_2)$$
$$=\frac{26}{52}\times\frac{25}{51}\times\frac{24}{50}=0.1176$$

となります.

2-3 偏りのない 10 円玉を 10 回続けて投げたとき,
(1) 2, 3, 7 回目に表が出る確率を求めなさい.
(2) 2, 3, 7 回目に表, 残りは裏が出る確率を求めなさい.
(3) 10 回のうち 3 回は表が出る確率は, (2) と比べて大きいですか. それとも小さいですか.

i 回目に表が出る事象を H_i とします．

(1) H_i はすべて独立事象なので，答えは次のようになります．
$$P(H_2 \cap H_3 \cap H_7) = P(H_2) \times P(H_3) \times P(H_7) = \frac{1}{2} \times \frac{1}{2} \times \frac{1}{2} = \frac{1}{8}$$
これ以外に何が出るかには，一切関係ないことに注意してください．

(2) 答えは，
$$P(\overline{H_1} \cap H_2 \cap H_3 \cap \overline{H_4} \cap \overline{H_5} \cap \overline{H_6} \cap H_7 \cap \overline{H_8} \cap \overline{H_9} \cap \overline{H_{10}})$$
$$= \left(\frac{1}{2}\right)^3 \left(\frac{1}{2}\right)^7 = \frac{1}{1024}$$
となります．このように，何回目に何が出るかを細かく指定すれば，どんな目の出方も等しく 1/1024 となります．

(3) 順序にかかわらず，とにかく 3 回表が出る出方は，(1, 2, 3)，(1, 2, 4)，…など，10 個の中から 3 個を取り出して並べる組合せの総数だけ確率が増えます．これは第 2 章の 2 項分布のところで詳しく触れます．

2-4 当たる確率が 0.1 である宝くじを 3 枚買いました．3 枚の宝くじのうち少なくとも 1 枚当たっている確率を計算しなさい．ただし，i 番目の宝くじが当たっている事象を A_i とします．

この問題は，いままで説明したいろいろな方法で解いてみましょう．

最初の解き方です．A_1，A_2，A_3 は独立事象ですから，3 枚の宝くじのうち少なくとも 1 枚当たっている確率は，

$$\begin{aligned}
&P(A_1 \cup A_2 \cup A_3) \\
&= P(A_1) + P(A_2) + P(A_3) \\
&\quad - P(A_1 \cap A_2) - P(A_2 \cap A_3) - P(A_2 \cap A_3) - P(A_3 \cap A_1) \\
&\quad + P(A_1 \cap A_2 \cap A_3) \\
&= 0.1 + 0.1 + 0.1 - 3 \times 0.1 \times 0.1 + 0.1 \times 0.1 \times 0.1 \\
&= 0.3 - 0.03 + 0.001 = 0.271
\end{aligned}$$

第1章　確率計算のコツ

2つ目の解き方です．3枚の宝くじのうち，少なくとも1枚当たっている確率は，1から1枚も当たっていない確率を引いた値に等しいので，次のようになります．

$$P(A_1 \cup A_2 \cup A_3) = 1 - P(\overline{A_1} \cap \overline{A_2} \cap \overline{A_3}) = 1 - 0.9^3 = 1 - 0.729 = 0.271$$

3つ目の解き方です．求める確率は，1枚当たっている確率，2枚当たっている確率，3枚当たっている確率の足し算なので，次のようになります．

$$P(A_1 \cap \overline{A_2} \cap \overline{A_3}) + P(\overline{A_1} \cap A_2 \cap \overline{A_3}) + P(\overline{A_1} \cap \overline{A_2} \cap A_3)$$
$$+ P(A_1 \cap A_2 \cap \overline{A_3}) + P(A_1 \cap \overline{A_2} \cap A_3) + P(\overline{A_1} \cap A_2 \cap A_3)$$
$$+ P(A_1 \cap A_2 \cap A_3)$$
$$= 3 \times 0.1 \times 0.9 \times 0.9 + 3 \times 0.1 \times 0.1 \times 0.9 + 0.1 \times 0.1 \times 0.1 = 0.271$$

答えはすべて同じです．違っていたら解き方が間違っているということです．では，次の問題も2つの方法で解いてみてください．

2-5 投手が投げたボールがストライクになる確率が0.3であるとき，3回投げて少なくとも1回はストライクとなる確率はどれだけですか．

まず，1つ目の解き方です．

少なくとも1回はストライクとなる確率は，1から1回もストライクにならない確率を引いた値と等しいので，

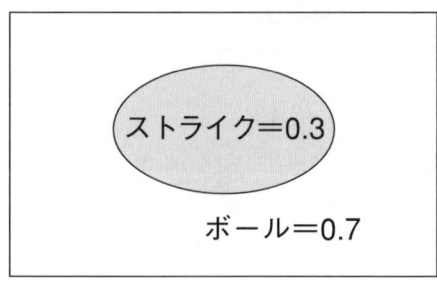

第2節　コトバ(専門用語)と記号の特訓講座

$$P(A_1 \cup A_2 \cup A_3) = 1 - P(\overline{A_1} \cap \overline{A_2} \cap \overline{A_3}) = 1 - 0.7^3 = 1 - 0.343 = 0.657$$

次に，2つ目の解き方です．

$$P(A_1 \cup A_2 \cup A_3)$$
$$= P(A_1) + P(A_2) + P(A_3)$$
$$- P(A_1 \cap A_2) - P(A_1 \cap A_3) - P(A_2 \cap A_3) + P(A_1 \cap A_2 \cap A_3)$$
$$= 0.3 + 0.3 + 0.3 - 0.09 - 0.09 - 0.09 + 0.027 = 0.657$$

2-6 図のように6つに仕切られた同じ大きさの小部屋の中に，無作為にボールを3回投げて，1回目，2回目，3回目に入った部屋に書かれた数をそれぞれ a, b, c とします．このとき，$a + b \times c = 7$ となる確率を求めなさい．

| 1 | 2 | 3 |
| 4 | 5 | 6 |

$a + b \times c = 7$ となるような a, b, c の組合せは次の14通りです．

a	1	1	1	1	2	2	3	3	3	4	4	5	5	6
b	1	2	3	6	1	5	1	2	4	1	3	1	2	1
c	6	3	2	1	5	1	4	2	1	3	1	2	1	1

分母は6の3乗で216だから求める確率は 14/216 = 0.0648 となります．

2-7 同じクラスの生徒の中から，無作為に選ばれた3人の生徒の誕生日が同じ日である確率を求めなさい．ただし，生徒の誕生日は1年間365日

を通じて均等に分布しているものとします．

最初の生徒の誕生日は何日であってもよいのですが，2人目，3人目の生徒の誕生日が最初の生徒のそれと同じである確率は，

$$P(A_2 \cap A_3) = P(A_2) \times P(A_3) = \frac{1}{365} \times \frac{1}{365} = \frac{1}{133225} = 0.000008$$

となります．

2-8 クラスから無作為に選ばれた10人の生徒の誕生日が全部異なっている確率を求めなさい．

誕生日が全部異なっている確率は，1から少なくとも1組は誕生日が同じである確率を引いた値になります．

2人目の生徒の誕生日が最初の生徒と異なっている確率は $1-1/365$
3人目の生徒の誕生日が最初の2人と異なっている確率は $1-2/365$
　　　　…
10人目の生徒の誕生日が他の9人と異なっている確率は $1-9/365$

したがって，求める確率は，

$$\left(1-\frac{1}{365}\right) \times \left(1-\frac{2}{365}\right) \times \cdots \times \left(1-\frac{9}{365}\right) = 0.8831$$

です．

ミニクイズ

クラスから無作為に選ばれた5人の生徒の誕生月がすべて異なっている確率は，

$$\frac{\square}{12} \times \frac{\square}{12} \times \frac{\square}{12} \times \frac{\square}{12} \times \frac{\square}{12} = \frac{\square}{12^5}$$

第2節　コトバ(専門用語)と記号の特訓講座

2-9 1学級 35 人のクラスの生徒全員の誕生日が異なっている確率を求めなさい．

問題 2-7 で，生徒数が 35 人に増えた場合，求める確率は，
$$\frac{364}{365} \times \frac{363}{365} \times \cdots \times \frac{331}{365} = \left(1 - \frac{1}{365}\right) \times \left(1 - \frac{2}{365}\right) \times \cdots \times \left(1 - \frac{34}{365}\right) = 0.18567$$
となります．裏を返せば，生徒数が 35 人のクラスでは，少なくとも 1 組の生徒の誕生日が重なっている確率は 8 割以上ということです．

参考までに，クラスの人数が X 人の場合に，すべての生徒の誕生日が異なっている確率 Y のグラフを次に示します．

生徒の誕生日がすべて異なっている確率

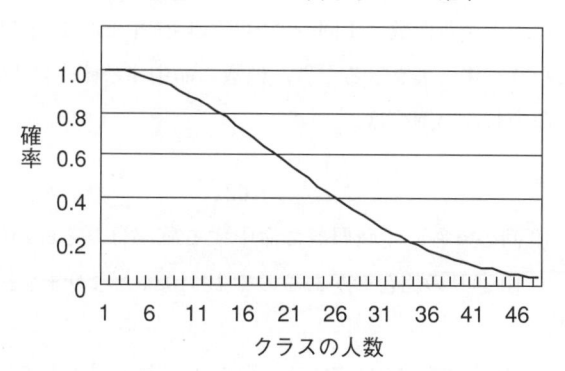

生徒数が 60 人なら，誕生日が重ならない確率はほぼ 0 になります．

なお，誕生日は 365 日の間に均等に散らばっているから，20 人や 30 人では誕生日が重なることはない，と高をくくってはいけないということです．実際には 22 人程度のクラスで，すでに誕生日が重なる確率は半分以上になります．

ところで，誕生日は 1 年を通じて本当に均等かというと，動物の多くは，繁殖期がまとまっているから明らかに均等ではありません．人間も動物だから，均等ではないかも知れません．

2-10 図のような円盤が回転しています．目隠しをして，この円盤に向か

って10回矢を射るとき，偶数の数字に2回以上命中する確率を求めなさい．ただし，0は偶数として計算してください．

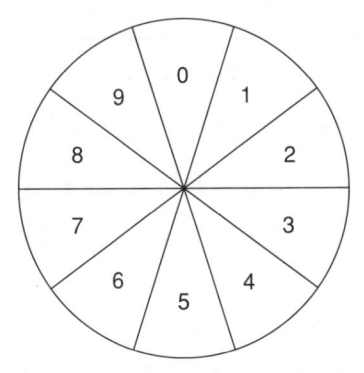

求める確率は，1から偶数に1回も命中しない確率と，1回命中する確率を引いたものになります．矢を射るとき，偶数に命中する確率は1/2なので，10回とも偶数に命中しない確率は，

$$\left(\frac{1}{2}\right)^{10} = \frac{1}{1024}$$

です．また，10回のうち，1回偶数に命中する確率は，それが何回目に命中するかによって10通りの組合せがあるので10/1024となります．したがって，求める答えは，

$$1 - P(1回も命中しない) - P(ちょうど1回命中する)$$
$$= 1 - \frac{1}{1024} - \frac{10}{1024} = 1 - \frac{11}{1024} = \frac{1013}{1024} = 0.9893$$

となります．第2章の2項分布のところで，もっとエレガントな解き方を紹介しましょう．

2-11 1から9までの数字が書いてある看板をめがけて投手がボールを投げます．

投手は，決められた投球数ですべての数字を射抜けば賞金がもらえま

第2節　コトバ(専門用語)と記号の特訓講座

投手のコントロールがよいので，投げたボールは枠内には必ず入るものとします．ただし，枠内のどの区画に命中する確率もすべて等しく1/9であるとします．すると，すでにボールで射抜かれた枠がある場合，残りの数字枠にボールが入る確率はどの数字枠も等しく，

$$\frac{9-数字が射抜かれている枠の数}{9}$$

となります．ボールを9回投げて，すべての数字を射抜く確率を求めなさい．

最初のボールはどの枠に入ってもよいのですが，2個目のボールが新しい枠に命中する確率は8/9，3個目のボールが最初の2つ以外の数字に命中する確率は8/9×7/9，…となります．したがって，9個のボールで9個の数字を全部射抜く確率は，

$$\frac{8}{9} \times \frac{7}{9} \times \cdots \times \frac{1}{9} = 0.0009$$

となります．これでは賞金をもらう人はいそうにありません．

> **ミニクイズ**
> ボールが必ず枠内に命中するという条件で，枠が4つの場合，4回ですべての枠を射抜く確率は　　　　　　である．

2-12 一時期，公団住宅への申込みが殺到した時代がありました．そのとき，せっせとハガキで応募した家族が競争率10倍の申込みを10回行って，1回も当選しませんでした．この家族は運が悪かったのでしょうか．

1回の申込みで当選する確率は1/10です．したがって，10回申し込んで1回も当たらない確率は，

$$\left(1-\frac{1}{10}\right)^{10}=0.3487$$

となります．つまり，約65%の人は，10回以内に当たっていることになります．この人はやや運が悪かったといえるかも知れません．

また，当たる確率が1/10なら，10回申し込んだら，当たる確率は0.5ではないかと考えがちです．

しかし，もしそうなら，なぜ当選者が65%もいるのでしょうか．回数が少なかったのでしょうか．それなら，回数を増やして計算すればもっと1/2に近づくはずです．たとえば，当たる確率を1/1000にして，1000回申し込めば答えは1/2になるはずです．ところが，計算してみると，

$$\left(1-\frac{1}{1000}\right)^{1000}=0.3677$$

となります．これでは，あまり変わりませんね．実は，

$$\lim_{n\to\infty}\left(1-\frac{1}{n}\right)^n=\frac{1}{e}$$

となり，当たる確率を無限に小さくしていくと，この値は自然対数 $e=2.718281828\cdots$ の逆数に近づいていくことがわかっています．

2-13 5階建てのビルにエレベーターがあります．エレベーターはつねにどこかの階に停止していて，どの階に止まっている確率も等しく1/5です．客は，エレベーターが運よく自分のいる階に停止していれば，待たずに乗ることができますが，ほかの階に停止している場合には，自分のいる階に

来るまで待たなければなりません．エレベーターが次の階へ移動に要する時間は 10 秒間です．たまたま来合わせた客は，平均して何秒間待つ必要があるでしょうか．

(1) 1 階，5 階から乗る客のエレベーターの**平均待ち時間**を求めなさい．

(2) 2 階，4 階から乗る客の平均待ち時間を求めなさい．

(3) 3 階から乗る客の平均待ち時間を求めなさい．

(1) 1 階の場合，エレベーターが x 階に止まっている場合の待ち時間は，$10(x-1)$ 秒間です．したがって，平均待ち時間は，

$$0 \times \frac{1}{5} + 10 \times \frac{1}{5} + 20 \times \frac{1}{5} + 30 \times \frac{1}{5} + 40 \times \frac{1}{5} = \frac{100}{5} = 20 \text{ (秒)}$$

となります．上下対称だから，5 階の客の場合も同じです．

(2) 2 階の客は，エレベーターが 2 階にあれば待ち時間は 0 秒，1 階と 3 階では 10 秒，4 階では 20 秒，5 階では 30 秒となります．つまり，平均待ち時間は，

$$0 \times \frac{1}{5} + 10 \times \frac{2}{5} + 20 \times \frac{1}{5} + 30 \times \frac{1}{5} = \frac{70}{5} = 14 \text{ (秒)}$$

上下対称だから，4 階の客の場合も同じです．

(3) 3 階の客の場合，エレベーターが 3 階にあれば待ち時間は 0 秒，4 階か 2 階にある場合の待ち時間は 10 秒，1 階か 5 階にあれば 20 秒となります．したがって，求める答えは，

$$0 \times \frac{1}{5} + 10 \times \frac{2}{5} + 20 \times \frac{2}{5} = \frac{60}{5} = 12 \text{ (秒)}$$

となります．

中央付近の階のほうが，待ち時間が少ないようですが，似たようなケースはほかにもあります．町はずれでタクシーをつかまえるのと，町の中心部でつかまえるのでは，中心部のほうが早くつかまえられる，というのも同じ理屈かも知れません．

第1章　確率計算のコツ

2-14 フタをした壺の中に，赤いボール3個と，白いボール2個が入っています．この中から手探りで1個のボールを取り出したら赤でした．では，2個目のボールが白である確率を求めなさい．

条件確率の計算式を使います．

A_1：最初のボールが赤

A_2：2個目のボールが白

とすると，

$$P(A_1) = \frac{3}{5}$$
$$P(A_1 \cap A_2) = \frac{3}{5} \times \frac{2}{4}$$

です．求める確率は $P(A_2|A_1)$ です．したがって，

$$P(A_2|A_1) = \frac{P(A_1 \cap A_2)}{P(A_1)} = \frac{\frac{3}{5} \times \frac{2}{4}}{\frac{3}{5}} = \frac{1}{2}$$

となります．ところで，最初のボールが赤なら，壺の中には赤ボール2個と，白ボール2個しか残っていないので，次のボールが白である確率は当然1/2です．条件確率なんてむずかしく考えなくても答が出てしまいました．

このように，直感力を働かせたほうが簡単に解ける場合もあります．次の節で説明するベイズの定理のところで，条件確率の問題をもっと詳しく勉強することにしましょう．

マメ知識：確率は，ギャンブルの必要性から生まれてきた？

確率は15世紀頃にギャンブラーの必要性から生まれてきたといわれています．ギャンブルを生業にしている人たちは，少しでも自分に有利な情報が欲しいでしょうから，数学者に金を支払ってでも確率を計算してもら

> ったこともあるようです．
>
> 　生い立ちは実利的だったかも知れませんが，今日，確率や統計は確固たる数学の一分野を占めています．
>
> 　競馬やパチンコなどへの応用はもちろんのこと，量子力学の不確定性原理，希薄流体の挙動を解析するための統計力学，製品の品質管理，特定のことがらの原因を推定する回帰分析，世論調査など，幅広い分野で確率や統計が使われています．

第3節　ベイズの定理

博士：私の友人に宝くじマニアがおって，先回の売り出しのときも都内のあちこちでまとめて買いあさった．その結果，なんと銀座の売り場で100枚，新宿で150枚，渋谷で70枚，池袋で50枚まとめて買ったそうだ．ちび丸は，彼が買った宝くじが当たる確率は，どの場所で買ったものが一番大きいと思うかな？

ちび丸：それは新宿でしょう．だって一番多く買ったのですから．

博士：では，もし宝くじが当たったとしたら，その宝くじが新宿の売り場からきている確率はどのくらいかな？

ちび丸：比例配分で，

$$\boxed{\frac{150}{100+150+70+50}=0.4054}$$

となります．

博士：そうだ．この例はわかりやすくて，ベイズの定理を説明するのに好都合なのだが，売り場を選択する確率事象が入っていないので，少し簡単すぎる．

　とりあえず「買った宝くじが当たる」という事象を A，「宝くじが場所 i で買ったものである」という事象を B_i とすると，

第1章　確率計算のコツ

$$P(A) = \bigcup_{i=1}^{n} P(B_i \cap A)$$

となる．つまり，宝くじが当たる確率は，「銀座で買った宝くじが当たる」「新宿で買った宝くじが当たる」…の和となる．A, B_i はお互いに独立で，B_i は排反事象だから，

$$P(A) = \bigcup_{i=1}^{n} P(B_i \cap A) = \sum_{i=1}^{n} P(B_i) \times P(A | B_i)$$

となる．$P(B_i)$ はすべての i で1だ．だからこの式は，

$$P(A) = \sum_{i=1}^{n} P(A | B_i)$$

と書ける．

　もし，買った宝くじが当たったとしたら，それが場所 i で買ったものである確率は $P(B_i | A)$ となる．つまり，

$$P(A \cap B_i) = P(A) \times P(B_i | A) = P(B_i) \times P(A | B_i)$$

とすると，

$$P(B_i | A) = \frac{P(B_i) \times P(A | B_i)}{P(A)} = \frac{P(B_i) \times P(A | B_i)}{\sum_{i=1}^{n} P(B_i) \times P(A | B_i)}$$

となる．したがって，

$$P(B_i | A) = \frac{P(A | B_i)}{\sum_{i=1}^{n} P(A | B_i)}$$

となる．この式から，宝くじ1枚が当たる確率を p として，当たった宝くじが場所 i である確率を求めてみなさい．

ちび丸：ハイ．$i=1$ 銀座，$i=2$ 新宿，$i=3$ 渋谷，$i=4$ 池袋とすると，

$$\boxed{\sum_{i=1}^{4} P(A | B_i) = 100p + 150p + 70p + 50p = 370p}$$

買った宝くじが銀座で買ったものである確率は，

$$\boxed{\frac{100p}{370p} = \frac{10}{37}}$$

第3節 ベイズの定理

です．他の場所も同様に比例配分で，

$$\frac{15}{37}, \frac{7}{37}, \frac{5}{37}$$

となります．

博士：そのとおり．この問題で，$P(B_i)$ を一般的な確率事象にしたものが，**ベイズの定理**といわれているものだ．トーマス・ベイズは18世紀の数学者で，ラプラスとともに，この時代の確率論の確立貢献者の1人だった．**ベイズの定理**は，いまでも確率の問題を解くのに使われている．もうひとつ例題を見てみよう．

　将棋の北名人は名人戦の挑戦者の東8段と南9段の，どちらか勝ったほうと名人戦を戦うことになっている．ただし，勝負は1回限りで，先に1勝したほうが勝ちとなるものとする．

　北名人は東8段とは9勝4敗で相性がよいが，南9段とは相性が悪く，過去の対戦成績も14勝18敗と負け越している．だから，名人は東8段に勝ってほしいと密かに願っている．一方，東8段と南9段の対戦成績は12勝10敗で東8段が有利に戦っている．

　さて，ここで北名人がタイトルを防衛する確率はどのくらいか，というのが最初の問題だ．もし北名人がタイトルを防衛したならば，そのときの挑戦者が

第 1 章 確率計算のコツ

南 9 段である確率はどれだけか,というのが 2 つ目の問題だ.

問題を解くため,事象を次のように定義しよう.

A　　北名人がタイトルを防衛する

$i=1$　　東 8 段

$i=2$　　南 9 段

B_i　　i が挑戦者になる

すると,北名人がタイトルを防衛する確率は**東 8 段が挑戦者になり,名人が東 8 段に勝つか,または南 9 段が挑戦者になり,名人が南 9 段に勝つか**のどちらかだ.両方は同時に起こり得ないので,排反事象となる.対戦相手との勝率は,過去の対戦データから計算する.したがって,北名人がタイトルを防衛する確率は,

$$P(A) = \sum_{i=1}^{2} P(B_i) \times P(A|B_i)$$

$$= \frac{12}{12+10} \times \frac{9}{9+4} + \frac{10}{12+10} \times \frac{14}{14+18}$$

$$= \frac{108}{22 \times 13} + \frac{140}{22 \times 32} = 0.3776 + 0.1989 = 0.5765$$

となる.また,実際に名人がタイトルを防衛したとき,そのときの挑戦者が東 8 段である確率は,

$$P(B_1|A) = \frac{P(B_1) \times P(A|B_1)}{P(B_1) \times P(A|B_1) + P(B_2) \times P(A|B_2)} = \frac{0.3776}{0.5765} = 0.6550$$

南 9 段である確率は,

$$P(B_2|A) = \frac{P(B_2) \times P(A|B_2)}{P(B_1) \times P(A|B_1) + P(B_2) \times P(A|B_2)} = \frac{0.1989}{0.5765} = 0.3450$$

となる.ベイズの定理を理解するコツは,簡単な式 $P(A)$ をわざわざ,

$$P(A) = \bigcup_{i=1}^{n} P(B_i \cap A) = \sum_{i=1}^{n} P(B_i) \times P(A|B_i)$$

に分解することと,1 つの式を 2 つの条件確率に分解するところにある.

$$P(A \cap B_i) = P(A) \times P(B_i|A) = P(B_i) \times P(A|B_i)$$

これさえ理解できれば,あとはなんということはない.では,ベイズの定理

第3節 ベイズの定理

を使った演習問題をいくつか紹介しよう.

◆ ◆ ◆ 演習問題3 ◆ ◆ ◆

3-1 4つの異なる製品ロットがあります. それぞれのロット番号, ロット中の製品の数, およびそのロットの中に含まれている不良品の数は, 次の表のとおりです.

ロット番号i	ロット数	ロット中の不良品数
1	10	2
2	5	3
3	7	1
4	15	4
計	37	10

これらのロットは不良品の原因を調べるため別々に保管してありましたが, 作業員が誤って全部を一緒に混ぜてしまいました.
混じったロットから1個を取り出して調べたときに, それは不良品でした. では, この不良品がロットiからきている確率を求めなさい.

まず, 問題を整理するために,
　A ＝混じったロットから取り出した1個が不良品
　B_i＝混じったロットから1個を取り出したとき, それがロットiからきている

とすると, 求めるのは$P(B_i|A)$です. ここでベイズの定理の出番となります.

$$P(B_i|A) = \frac{P(B_i) \times P(A|B_i)}{\sum_{i=1}^{4} P(B_i) \times P(A|B_i)}$$

第 1 章　確率計算のコツ

この式を使って計算すると次の表のようになります．

ロット番号i	ロット数	ロット中の不良品数	$P(B_i)$	$P(A\|B_i)$	$P(B_i)P(A\|B_i)$	$P(B_i\|A)$
1	10	2	10/37=0.2703	2/10=0.2000	0.0541	0.2
2	5	3	0.1351	0.6000	0.0811	0.3
3	7	1	0.1892	0.1429	0.0270	0.1
4	15	4	0.4054	0.2667	0.1081	0.4
計	37	10	71.0000	1.2095	0.2703	1

さて，真ん中の欄の $P(B_i)$ は不良品がロット i からきている確率です．ロットを全部混ぜて 37 個にしてしまったのですから，ロット 1 からきている確率は 10/37 になります．$P(A|B_i)$ は，不良品がロット 1 からきているならば，その確率が，

$$\frac{\text{不良品数}}{\text{ロット数}} = \frac{2}{10}$$

であることはすぐにわかります．残りの計算は次のようになります．

$$P(B_1) = \frac{10}{37},\ P(B_2) = \frac{5}{37},\ P(B_3) = \frac{7}{37},\ P(B_4) = \frac{15}{37}$$

$$P(B_1|A) = \frac{2}{10},\ P(B_2|A) = \frac{3}{5},\ (B_3|A) = \frac{1}{7},\ P(B_4|A) = \frac{4}{15}$$

また，$P(B_i|A)$ の値の比率が不良品数の比率と同じになっていますが，偶然ではありません．$P(B_i)P(A|B_i)$ の計算部分は，次のように，個々のロット数は計算途中でキャンセルされてしまっています．つまり，不良品がどのロットからきたかは，混ぜる前にロットに含まれていた不良品数だけに関係し，ロット数自身の大小には関係ないのです．

$$P(B_1) \times P(B_1|A) = \frac{10}{37} \times \frac{2}{10} = \frac{2}{37}$$

$$P(B_2) \times P(B_2|A) = \frac{5}{37} \times \frac{3}{5} = \frac{3}{37}$$

第3節 ベイズの定理

$$P(B_3) \times P(B_3|A) = \frac{7}{37} \times \frac{1}{7} = \frac{1}{37}$$

$$P(B_4) \times P(B_4|A) = \frac{15}{37} \times \frac{4}{15} = \frac{4}{37}$$

つまり，取り出した製品が不良品だったなら，それがロット i からきている確率は，ロット i に含まれていた不良品数を不良品数全体で割った値に等しいのです．

3-2 52枚のトランプ・カードから1枚ずつカードを抜き出し，最初にAを引いた者に100万円が当たるくじがあります．最初の人がカードを引いたときに出る目の数を B_i とすると，B_i = A, 2, 3, …, 10, J, Q, K です．

最初に引いたカードがAである確率は1/13です．そうなら，ゲームはそこで終わりなので，最初の人がAを引いてしまえば，2人目以降の人に100万円が当たる確率は0になります．では，2人目以降にくじを引く人は，最初の人より不利なのでしょうか．

くじを引く確率は順番に関係があるかどうか，という問題です．確かに，最初に引いた人が当たってしまえば，後から引く人にはチャンスがなくなるのですから損な気がします．しかし，最初に引いた人が当たらなければ，後の人はその分だけチャンスが増えることになります．

では，ベイズの定理を使って考えてみますと，m 番目の人がAを引く確率 $P(A_m)$ は次の2つの確率の和になります．

$P(A_m) = P$(最初の $m-1$ 人が引いたカードにAが含まれない ∩
m 番目の人がAを引く)
$+ P$(最初の $m-1$ 人が引いたカードにAが含まれる ∩
m 番目の人がAを引く)

ただ，先の $m-1$ 人のだれかがAを引いてしまえば m 番目の人はAを引けないため，右辺の2つ目の式は0となります．したがって，

第1章 確率計算のコツ

$$P(A_m) = P(\bar{A}_{m-1}) \times P(A_m | \bar{A}_{m-1})$$
$$= \frac{12}{13} \times \frac{11}{12} \times \cdots \times \frac{12-m}{13-m} \times \frac{1}{12-m} = \frac{1}{13}$$

となります．つまり，2番目も3番目もAを引く確率は1/13だから，順番にかかわらず一定なのです．「当たりくじを引く確率は順番によらない」これは重要なポイントです．そうでなければややこしいことになります．先に引いたほうが当たる確率が高いなら，誰もがくじを先に引こうとするでしょうし，あとのほうが高いなら誰も最初に引こうとはしなくなります．宝くじが最初に全然売れなくても，またあとで大量に売れ残っても困ります．これもまた，ベイズの定理の応用です．

マメ知識：トランプの起源

　トランプの発祥地については，いろいろな説がありますが，インドで発生してヨーロッパに渡り，発展したと考えられています．いまのようなトランプは14世紀の後半にイタリアで生まれたというのが通説です．

　トランプのスペードは剣で軍閥・王侯を，ハートは洋盃で僧職を，ダイヤは貨幣で商人を，クラブは棍棒で農民を象徴しているとされています．なお，日本ではトランプといわれていますが，トランプは「切り札」のことで，プレイイング・カードというのが正しい呼び方です．明治時代に輸入されたとき，誤って翻訳されたようです．

第4節　組合せ計算

博士：確率は「全体と部分の比」だから，問題を解くには，**全体**を計算しなければならない．それにはまず，すべての組合せを数え上げる必要がある．

　では，さっそく問題だ．白いボールに1, 2, 3という3つの数字が書いてあるとき，これらを横1列に並べたら，区別できる数字の並べ方はいくつかな？

第 4 節　組 合 せ 計 算

ちび丸：エーと，123 でしょう，132 でしょう，それと，231, 213, 312, 321 だから全部で 6 個です．

博士：答えは合っているが，指を折って数えるのはどうだろう．もっとスマートな方法を教えよう．

　まず，最初に並べる数字は 3 個の数字のどれでもいいから 3 通りの選び方がある．次に並べる数字は，残り 2 個の中のどちらの数字でもいいから 2 通り選ぶことができる．最後は，残った数字が入るので 1 通りしか選べない．したがって，求める答えは $3 \times 2 \times 1 = 6$ 通りというわけだ．これを，階乗記号「!」を使って $3!$ と書くことにする．この記号を使えば，$n \times (n-1) \times \cdots \times 1$ は $n!$ と表せる．

　さて，ボールの数が n 個の場合も同じように考えればよい．まず，左端に置くボールには n 通りの選び方がある．次のボールは残った $n-1$ 個のボールから選ぶことができ，3 番目のボールは $n-2$ 個の中から，4 番目は $n-3$ 個の中から選ぶことができる．

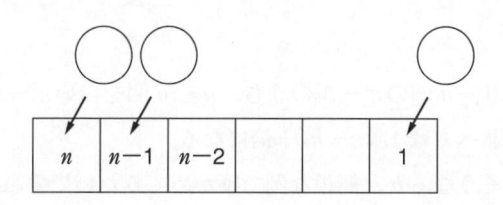

第1章 確率計算のコツ

このようにして次々とボールを埋めていくと，結局，区別できる並べ方は $n!$ 通りあることになる．

区別できるのは，番号がふってあるからだ．番号を消してしまえばボールは白一色になり，見分けがつかなくなるので，**区別できる並べ方は，$1/n!$ 倍に減少する．**

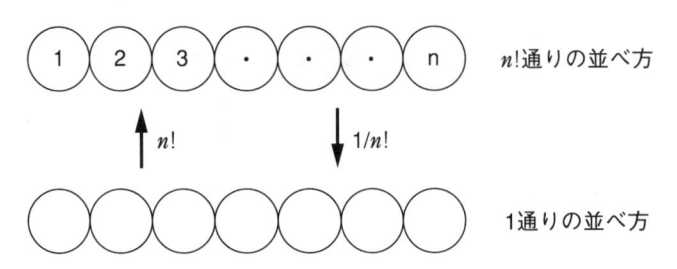

では，次の問題を出そう．n 個のボールのうち，m 個（$n>m$）のボールだけに番号をふって，残りのボールを白いボールと置き換えたら，何通りの区別できる並べ方ができるかな？

ちび丸：最初は $n!$ 通りの並べ方があったのに，うち $n-m$ 個を白いボールに置き換えてしまったら，その分だけ区別できるボールの並べ方が少なくなったので，答えは $\dfrac{n!}{(n-m)!}$ となります．

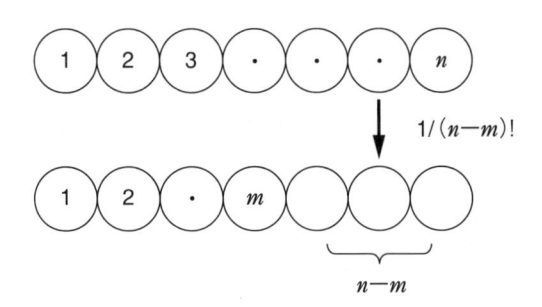

博士：そのとおり．n 個のボールのうち，$n-m$ 個を白いボールに置き換えると，区別できる並べ方は $1/(n-m)!$ 倍になる．

ちび丸：本当にそうなるか，簡単な例で確かめてみたいですね．

40

第4節　組合せ計算

博士：では，番号1, 2がふってあるボールと，白いボールが3個，計5個のボールの並べ方を全部数え上げてごらん．

ちび丸：次のようになります．

1	2	○	○	○
1	○	2	○	○
1	○	○	2	○
1	○	○	○	2
○	1	2	○	○
○	1	○	2	○
○	1	○	○	2
○	○	1	2	○
○	○	1	○	2
○	○	○	1	2

2	1	○	○	○
2	○	1	○	○
2	○	○	1	○
2	○	○	○	1
○	2	1	○	○
○	2	○	1	○
○	2	○	○	1
○	○	2	1	○
○	○	2	○	1
○	○	○	2	1

博士：先ほどの式を使うと，並べ方はいくつあるかな？

ちび丸：$\dfrac{5!}{3!}=20$ です．

博士：ほら，ちゃんと答えは合っているだろう．

ミニクイズ

　番号がふってある4つのボールのうちの，2個を白いボールと置き換えると，区別できる並べ方の総数は ☐ 通りとなります．

博士：では，次の問題だ．1からnまでの番号がふってあるボールの中からm個を取り出して並べる場合の並べ方の数を順列といい，${}_nP_m$で表すが，この${}_nP_m$の値はいくつかな？

ちび丸：最初の1個はn通りから選び，次の1個は$n-1$個から選び，というようにm個を並べれば，

第1章　確率計算のコツ

$$_nP_m = \underbrace{n(n-1)(n-2)\cdots(n-m+1)}_{m個} = \frac{n!}{(n-m)!} \quad (個)$$

の異なった組合せができます．アレ，答えは同じですね．

博士：そのとおり．ほかのボールを数えないのと，白色のボールに置き換えるのは同じ意味になるのだ．

◆ ◆ ◆ 演習問題4 ◆ ◆ ◆

4-1 1からnまでの番号をふったボールの中からm個（$n>m$）を取り出して並べるとき，区別できる並べ方の数はいくつありますか．ただし，並べ方の順序は問わないものとします．

これは，すぐ上で考えた問題と同じに見えますが，**並べ方の順序は問わない**，というところが違います．つまり，1234でも3421でも4231でも区別しないということです．

さて，$m!$個の並べ方がすべて区別できなくなれば，白いボールで置き換えたのと同じになります．つまり，区別できる数は$1/m!$になります．したがって，$n!$を$(n-m)!$と$m!$で割って，答えは，

$$\frac{n!}{m!(n-m)!}$$

です．

ところで，統計や確率では，この式は**組合せ記号**と呼ばれ，$_nC_m$，C_n^m，$\binom{n}{m}$などと記述されています．それぞれ生い立ちも意味も多少は違いますが，すべて，n個の中からm個をとって並べる場合の組合せの数を表しています．アメリカでは$\binom{n}{m}$がよく使われます．展開式を使うにはこのほうが見やすいの

第4節 組合せ計算

ですが，日本では $_nC_m$ が使われます．両方とも覚えておいてください．

> **ミニクイズ**
>
> 1から5までの番号をふったボールの中から3個を取り出して並べるときに，異なる並べ方の数は □ 通り．

4-2 m 個の黒いボールと，$n-m$ 個の白いボールを1列に並べるとき，区別できる並べ方の数はいくつありますか．

ボールを識別する番号がなくなって，白と黒色のボールだけを並べる場合の「並べ方の数の問題」です．答えは問題 4-1 と同じになります．

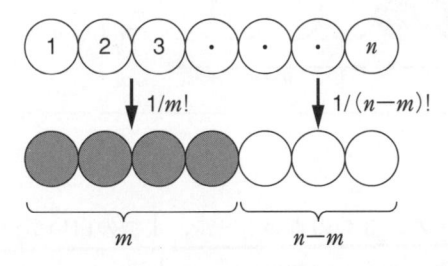

なぜなら，番号がふってあったときには $n!$ の並び方がありましたが，m 個の白いボールと，$n-m$ 個の黒いボールになったので，区別できる並べ方の数も $\dfrac{1}{m!(n-m)!}$ だけ少なくなります．したがって，答えは，

$$\frac{n!}{m!(n-m)!} = {}_nC_m = \binom{n}{m} \quad \text{(個)}$$

となります．この考え方は，ボールの種類が増えても応用できます．たとえば r 個の赤いボール，b 個の黒いボール，w 個の白いボールを1列に並べるとき，区別できる並べ方の数は $\dfrac{(r+b+w)!}{r!b!w!}$ 個となることも理解できるでしょう．

次に，以上をまとめた図を紹介しておきます．

第1章　確率計算のコツ

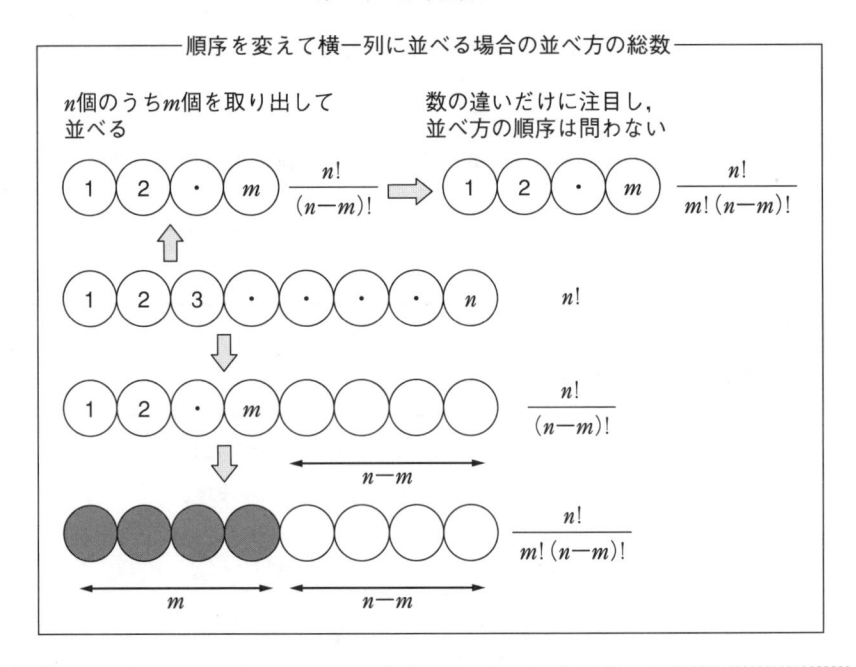

―― 順序を変えて横一列に並べる場合の並べ方の総数 ――

n 個のうち m 個を取り出して並べる

数の違いだけに注目し，並べ方の順序は問わない

$\dfrac{n!}{(n-m)!}$ ⇒ $\dfrac{n!}{m!(n-m)!}$

$n!$

$\dfrac{n!}{(n-m)!}$

$\dfrac{n!}{m!(n-m)!}$

ミニクイズ

2つの赤いボール，3つの青いボール，1つの白いボールを1列に並べる場合，区別できる並べ方の数は □ 通り．

4-3 ランダムに選んだ6桁の数字の値がすべて異なっている確率を求めなさい．ただし，最初に数字0がきてもよいものとします．

最初の数字は，10個のうちのいくつでもOKです．2個目の数字が最初の数字と異なっている確率は9/10，3個目の数字が最初の2個の数字と異なっている確率は8/10，…なので，求める確率は，次のようになります．

$$\dfrac{9}{10} \times \dfrac{8}{10} \times \dfrac{7}{10} \times \dfrac{6}{10} \times \dfrac{5}{10} = 0.1512$$

第4節 組合せ計算

4-4 4組の夫婦がパーティに集まりました。夫同士、妻同士がくじ引きで選んだパートナーが、すべて自分の伴侶である確率を求めなさい。

むずかしく考える必要はありません。夫から見た場合、妻の並び方は $4! = 24$ 通りあります。そのうち、夫のパートナーがすべて自分たちの伴侶である並び方はただひとつだけですから、答えは $1/24$ となります。

4-5 0を含む正の整数を a, b, c とするとき、$a+b+c=16$ となるような a, b, c の組合せは全部で何通りですか。

突然、場違いの問題が出てきたように見えますが、そうではありません。
なぜなら、これは16個の白いボールと、2本の仕切り棒(黒いボールと考えます)を1列に並べたとき、区別できる並べ方は何通りですか、という問題になるからです。たとえば、次のように並べた場合は $a=3, b=6, c=7$ となります。

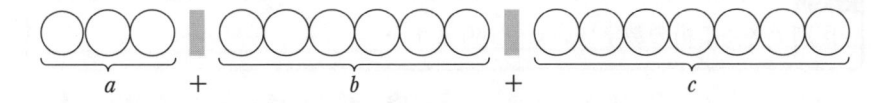

○○○ ▮ ○○○○○○ ▮ ○○○○○○○
 a + b + c

したがって、この並べ方の総数は ${}_{16+2}C_2 = {}_{18}C_2 = 153$ 通りとなります。

0を含む正の整数という条件ですから、枠と枠の間にボールがない場合も含まれるので、次のようなケースもありえます。

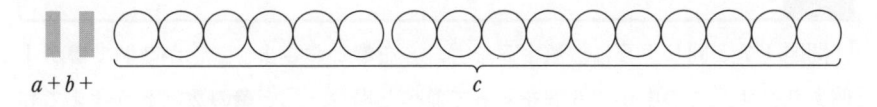

▮▮ ○○○○○○○○○○○○○○○○
$a+b+$ c

4-6 a, b, c を2以上の正の整数とするとき、$a+b+c=16$ となるような a, b, c の組合せは全部で何通りですか。

第1章　確率計算のコツ

前の問題と違うのは，仕切り棒の間に入る白いボールの数が2個以上なければならないという点です．しかし，ちょっとした工夫をすれば，むずかしくありません．a, b, c はいずれも2以上でなければいけませんから，最初にそれぞれの仕切りの中に2個ずつ割り当ててしまうのです．

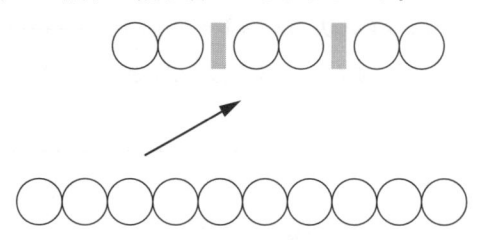

○○┃○○┃○○

↑

○○○○○○○○○○

すると，ボールの残りは10個になります．これを，上と同じように仕切り棒で3つに分割する問題を考えればよいわけです．したがって，答えは，

$$_{10+2}C_2 = {}_{12}C_2 = 66$$

となります．

4-7 数字5が3つ，数字8が4つあります．これらの数字を並べた場合，区別できる7桁の数字はいくつありますか．

むずかしく考えず，数字の5を○，8を●と考えれば，異なる並び方の数は $_7C_4 = 35$ であることがわかるでしょう．

4-8 問題4-7で，区別できる6桁の数字はいくつありますか．

問題4-7と同じように，数字5を○，8を●とおきます．○が3個で●が4個あります．この中から6個をとって並べた場合，○と●の数はどう考えても $(2, 4), (3, 3)$ の2つしかありません．ゆえに，求める答えは，

$$_6C_2 + {}_6C_3 = 15 + 20 = 35 \text{（通り）}$$

となります．

第 4 節　組 合 せ 計 算

4-9 $x+y+z=7$ を満たす正の整数解の組はいくつありますか．

　これも，x, y, z を 3 つの仕切り，7 をボールの数と考えればいい問題です．正の整数だから，仕切りの中には少なくとも 1 個以上のボールがなければいけません．そこで，最初に 1 個ずつボールを入れてしまうと，残った 4 個のボールを，改めて 3 つの仕切りの中に入れる問題になります．3 つの仕切りということは，仕切り棒が 2 本ということです．そこで答えは，

$$_{4+2}C_4 = {_6}C_4 = 15$$

となります．

4-10 区別できる 6 個のカラーボールを 2 個ずつ A, B, C の 3 人に分ける方法は何通りありますか．また，2 個ずつ 3 つの箱に分ける方法は何通りですか．

　「区別できる」と「一連の番号がついている」とは同じことです．たとえば，1 から 6 までの数字の並べ方は 6! です．
　数字を並べてみた結果，それが 1・3・4・2・6・5 だったとしましょう．これを 2 つずつ 3 個に区切って A, B, C に割り当ててみると，1・3，4・2，6・5 となります．
　このように，6! を 3 つに区切っても組合せの総数は変わりません．ただし，数の順序は関係がなくなってしまいます．たとえば，A にとっては 1・3 も 3・1 も同じことです．B も 4・2 と 2・4，C は 6・5 と 5・6 も一緒ですから組合せの数は 1/8 に減ってしまいます．したがって，6! を 8 で割った値，つまり 90 が答えとなります．
　一見すると，あとの答えも同じように見えますが，そうでもありません．最初の問題は，誰がどの組合せを選ぶかに意味がありましたが，単に 3 つに分けるということになると，誰がどの組合せを選んでも同じ，ということになります．

いまの例では1・3, 4・2, 6・5も4・2, 6・5, 1・3も6・5, 1・3, 4・2もすべて同じで，区別できなくなってしまうということです．3つの異なったグループの組合せで，順序がある場合とない場合では組合せはどれくらい減るかは，$3 \times 2 \times 1 = 6$なので，6分の1になります．したがって，答えは90/6＝15となります．

4-11 1から9までの数を3個ずつ3つに分ける方法は何通りありますか．

問題4-10の応用です．1から9までの数を並べたときに区別できる組合せの数は9!です．しかし，3個ずつ3つのグループに分けると，各々のグループ内の順序関係はなくなります．そのうえ，3つのグループの順序自体も区別がなくなるので，答えは，

$$\frac{9!}{3! \times 3! \times 3! \times 3!} = 280 \quad (通り)$$

となります．

ミニクイズ
1から6までの数を3個ずつ2つに分ける方法は　　　通り．

4-12 BOOKという文字は，3種類のアルファベットから構成されています．文字の配列順序を変えてもよければ，この3種類の文字で何種類の異なった意味を表すことができますか．

単語は異なった文字の組合せです．情報を表す手段として，単語は重要な役割を担っています．わずか4つの異なる文字でも，組合せを変えれば4!＝24通りの異なった情報を与えることができます．

文字aがn_a個，bがn_b個，cがn_c個ある場合，それらを組み合わせてできる単語の数は$\frac{(n_a + n_b + n_c)!}{n_a! n_b! n_c!}$通りあります．だからこの問題では，

第4節　組合せ計算

$$\frac{4!}{1! \times 2! \times 1!} = 12 \quad (通り)$$

であることがわかります．ちなみに，それらを全部列挙すると次のようになります．

BOOK	OBOK	OOKB	KBOO
BOKO	OBKO	OKBO	KOBO
BKOO	OOBK	OKOB	KOOB

この中で人間が発音できるのは半分もありません．しかし，近い将来，ロボット同士がロボット言語で会話する時代がくれば，わずかな文字を組み合わせるだけで多くの情報をやりとりできるようになるかも知れません．効率性では究極のロボット言語というわけです．

ミニクイズ

　GREEN という文字は，4種類のアルファベットから構成されています．文字の配列順序を変えてもよければ，この4種類の文字で　　　　種類の異なった意味を表すことができます．

4-13　アルファベットと数字36文字の中から8つを選んでパスワードを作る場合，何種類の異なる組合せが可能ですか．
　同じ文字や数字を何回使ってもよい場合と，一度しか使えない場合に分けて考えてください．

同じ文字や数を何回も使ってよければ，組合せの数は，
$$36^8 = 2\,8211\,0990\,7456 \quad (約2兆8000億)$$
となります．また，一度しか使えない場合には，
$$\frac{36!}{(36-8)!} = 36 \times 35 \times 34 \times 33 \times 32 \times 31 \times 30 \times 29$$
$$= 1\,2200\,9690\,8800 \quad (約1兆2000億)$$

第 1 章　確率計算のコツ

となります．

　プロのハッカーに狙われない限り，こんなに大きい数字をパスワードに設定すれば，なかなか破れないように思われます．しかし，スーパーコンピュータなら，この程度の組合せはあっという間に解いてしまいます．

　覚えやすいようにパスワードに自分や家族の名前の一部，また数字の部分に生年月日などを使う人もいますが，そうなると，文字と数字の組合せはせいぜい 100 通りくらいです．フルネームの一部，あるいは誕生日の一部しか使わなくても，バリエーションはせいぜい 10 通り程度になりそうです．そうなれば，数千回の試行で簡単に破られてしまいそうです．次の問題も同じことです．

4-14　最初の 4 文字がアルファベット，次の 4 文字が数字の場合，何種類の異なるパスワードの組合せが可能ですか．

　文字と数字の数を 4 個ずつに限定した場合，組合せの数は問題 4-13 に比べてさらに少なくなります．文字や数字の繰返しを許す場合は，
$$26^4 \times 10^4 = 45\,6976\,0000\,(45 億 7 千万)$$
となります．文字や数字の繰返しを許さない場合は，
$$26 \times 25 \times 24 \times 23 \times 10 \times 9 \times 8 \times 7 = 18\,0835\,2000\,(18 億)$$
となります．

4-15　お年玉付き年賀ハガキの番号は B 3541 組 237047 のようになっています．アルファベットの部分に A から Z までの文字が含まれ，続く 4 桁の数字と，後半分の 6 桁の数字には 0 から 9 までの数字が入るものとすると，全部で何通りの組合せがありますか．

　異なる数字の組合せの数は 0000 000000 から 9999 999999 までで 100 億です．また，アルファベットは 26 文字だから，求める答えは 2600 億です．ただ，実際にはアルファベットは 26 文字全部が使われているわけではないので，これ

ほど多くの年賀ハガキが発行されるわけではありません．

> **マメ知識：サイコロの起源**
> サイコロの起源については諸説がありますが，紀元前3200年頃にはすでにエジプトに存在したといわれています．また，紀元前3000年頃のインドのインダス文明の中にもサイコロが登場しています．日本には中国経由で入ってきたとされ，大阪佐山で発見された奈良時代の遺跡にもサイコロが見つかっています．たまたま立方体が6面体であったことから，それぞれの面に数字を当てはめたのがサイコロの起源だったのでしょう．

第5節　確率密度関数と累積分布関数

博士：確率変数とはサイコロの目とか，カードを引いたときの数字など「**あらかじめ正確に値を予測することはできない変数**」という意味だ．せいぜいいえるのは，どの数字が，どの程度の確からしさで現れる，という程度だ．たとえば，毎日，地下鉄に乗る乗客の数は確率変数かな？
ちび丸：ハイ，そうです．
博士：では，明日，君がハンバーガーショップで食べるハンバーガーの数は？
ちび丸：自分で決められるので確率変数ではありません．
博士：そうだな．では，確率変数をむずかしい用語で定義してみよう．

> 確率変数 X がある特定の値 $x_i (i=1, 2, 3, \cdots, n)$ をとる場合，これを X の**実現値**といい，その実現値をとる確率を**確率密度関数**または単に**密度関数**と呼ぶ．さらに，X が x_i より小さいか，等しい値をとる確率を表す関数を考え，これを**累積分布関数**，または**分布関数** $F(x)$ と呼ぶ．つまり，
> $$P(X \leq x_i) = F(x_i) = \sum_{j=1}^{i} f(x_j)$$

となる．

ちび丸：堅い用語がいくつも出てきましたね．

博士：なに，気にすることはない．要するに，実際にサイコロを振ったときに出た目が**実現値**だと思えばよい．目の出る確率 1/6 が**確率密度関数**だ．目が4以下である確率は，と聞かれたら 1, 2, 3, 4 の和だから 4/6 というだろう．これが**累積分布関数**と思えばよい．

$$P(X \leq x_i) = F(x_i) = \sum_{j=1}^{i} f(x_j)$$

を変形すると，

$$f(x_i) = P(X \leq x_i) - P(X \leq x_{i-1}) = P(X = x_i)$$

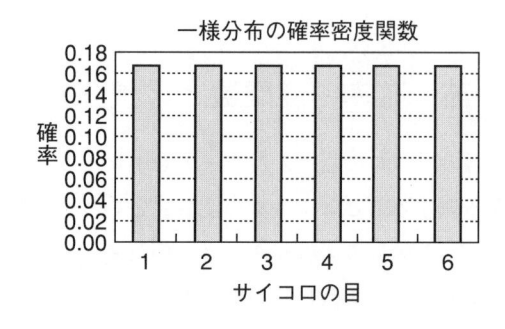

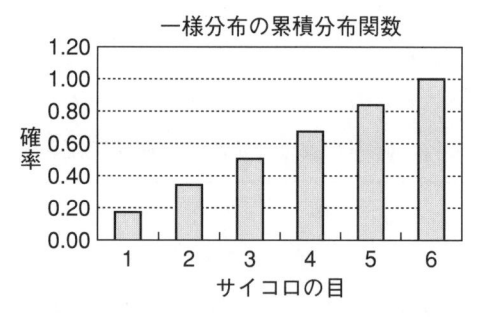

一様分布の確率密度関数

一様分布の累積分布関数

つまり，密度関数の式は，サイコロを投げたとき，**目が 4 である確率は，4 以下である確率から 3 以下である確率を引いた値に等しい**，ということを意味している．また，累積分布関数は，密度関数を左側から積分した値で，マイナスの無限大，$-\infty$ で 0，プラスの無限大 ∞ で 1 となる右肩上がりの曲線だ．

第5節　確率密度関数と累積分布関数

つまり，
$$F(-\infty)=0, \quad F(\infty)=1$$
となる．サイコロの目が「1から6の間である確率」は1だから，確率密度関数の値を総和すれば必ず1になる．これも当然だ．

いまの説明は，実現値 X が不連続の値(離散型確率分布)だった．しかし，連続した値をとる(連続型確率分布)ときも同様に，実現値 X が x より小さいか，等しい確率を表す**累積分布関数** $P(X \leq x) = F(x)$ が定義できる．それを微分した式が**確率密度関数** $f(x)$ となる．

式で表すと次のようになる．

$$P(X \leq x) = F(x) = \int_{y=-\infty}^{x} f(y)\,dy$$

$$P(a \leq b) = F(b) - F(a) = \int_{y=a}^{b} f(y)\,dy$$

$$f(x) = \frac{dF(x)}{dx}$$

$$F(-\infty)=0, \quad F(\infty)=1$$

ちび丸：サイコロの場合，実現値は1から6の間の値しかとれないのに，「$-\infty, \infty$」まで延長するのは，やや大げさすぎませんか？

博士：そうかも知れない．だが，サイコロの目がマイナスになる確率は0だから，誤りではない．

ちび丸：でも，そのような実現値はとれないことを明らかにするためには，

$$\boxed{\begin{aligned} P(X=i) &= \frac{1}{6} \quad && i=1, 2, 3, 4, 5, 6 \\ &= 0 \quad && \text{それ以外の } i \end{aligned}}$$

というように書くべきではありませんか．

博士：正確にはそのほうが親切かも知れないな．でも，人によってはできるだけ範囲を広げて定義することもあるようだ．誤解を招かなければ，あまり気にすることはない．

第6節　確率変数の平均値・期待値および分散

博士：**平均値**という言葉はいままでもたびたび出てきたが，ちび丸は平均値と重心の関係を知っているかな．

ちび丸：ハア？

博士：確率分布の平均値は，

$$E(x)=\sum_{i=1}^{n}x_i p(x_i)=\mu$$

で定義される．実は，μ は秤の右側に確率分布と同じ長さのおもりをいくつもぶら下げ，左側に確率分布の総和($=1$)と同じ重さのおもりをぶら下げたときに右側と釣り合う点，つまり「確率密度関数の重心点」になっている．この式は**期待値**とも呼ばれている．**期待値**と平均値はともに**重心点**ということでは同じなのだ．連続型確率変数の場合には，平均値は，

$$E(x)=\int_{x=-\infty}^{\infty}xf(x)\,dx=\mu$$

で与えられるが，やはりデータの重心点だ．さらに，単にデータ値が与えられた場合の平均値は，

第6節　確率変数の平均値・期待値および分散

$$\overline{x} = \frac{1}{n}\sum_{i=1}^{n} x_i$$

となるが，これも重心点を表している．だから，**平均値＝データの重心点**と覚えておこう．

次に，確率変数の**分散**だ．**分散**は，確率変数の広がり具合を表す尺度で，σ^2(シグマ2乗)とも呼ばれている．式では，

$$Var(x) = E(x-\mu)^2 = \sigma^2$$

となる．これは，個々のデータの，平均値からのズレの2乗の平均値で，σ^2の値が大きいほど裾広がりの確率変数ということになる．

離散型の場合には，

$$Var(x) = E(x_i-\mu)^2 = \sum_{i=1}^{n}(x_i-\mu)^2 p(x_i) = \sum_{i=1}^{n} x_i^2 p(x_i) - \mu^2 = \sigma^2$$

となり，連続型の場合には，

$$Var(x) = E(x_i-\mu)^2 = \int_{x=-\infty}^{\infty}(x-\mu)^2 f(x)\,dx = \int_{x=-\infty}^{\infty} x^2 f(x)\,dx - \mu^2 = \sigma^2$$

となる．なお，**標準偏差**という言葉もあるが，これは**分散の平方根**のことだ．計算によって両方使うので，覚えておくように．

ちび丸：バラツキの度合いを表すのに，平均値からのズレの2乗和を使っていますが，なぜ**平均値からのズレ自体の和**を尺度に使わないのですか？　そのほうが簡単なようですが．

博士：ほほう．それなら2, 4, 7, 3, 5, 8, 6というデータの平均値と君のいう分散の尺度を求めてごらん．

ちび丸：ハイ．上のデータの平均値は5です．私が提案する分散は，

$$\boxed{(2-5) + (4-5) + \cdots + (6-5) = 35 - 35 = 0}$$

アレ，0になりましたね．

博士：当たり前だ．平均値とは，個々のデータとの差の和をとれば0になる値のことをいうのだ．残念だったな．

ちび丸：まいりました．

博士：データの平均値だけでは，そのデータ集団の性質を表すことはできない．バラツキのレベルを評価する尺度，つまり分散が必要なのじゃ．バラツキがなかったら，同じデータの羅列となる．それでは面白くもおかしくもない．確率計算が必要となるのも，バラツキがあるからなのだ．

また，品質管理でも不良品率の大小を表すのに，1σ（シグマ）以内とか2σというような言い方をするだろう．σは確率変数の広がりを示す評価尺度だ．σが小さい，ということはデータのバラツキが小さいということだ．σが大きすぎるならば，何かデータのバラツキを生じる原因が隠れている可能性がある．この意味で分散は重要な意味を持っているのだ．

第7節　ゲームの期待値

博士：ちび丸，宝くじを買った人は儲かると思うかね？
ちび丸：当たる確率は非常に小さいので，ほとんどの人は損をしますね．
博士：それを知っていながら，なぜ宝くじが売れるのだろう．
ちび丸：なぜですかね．
博士：実は，普通の人にとっては宝くじを買う程度の金は，たとえ当たらなくとも，昼飯を食べたとか，パチンコですったと思えばいいと思えるレベルなのだ．それよりも，確率は小さくとも，大きな夢がかなうほうがいい，ということで売れる，という説がある．

つまり，その人にとっての「お金の効用曲線」は，金額に比例しないで，次のグラフのようになる．毎日自由になる程度のレベルなら大したことはないが，それより大きくなると，急に損をしたとか，得をしたと実感されるレベルになる．しかし，数億円の規模になると，損をすれば破産につながるから，その人にとってのマイナスの効用は無限に大きくなる．

一方，プラスの効用も，ある程度までは金額が大きくなるのに比例して大きくなる．しかし，あまり大きすぎると価値が実感できなくなるので，2500億円も3000億円も効用はさほど変わらなくなる．

第7節　ゲームの期待値

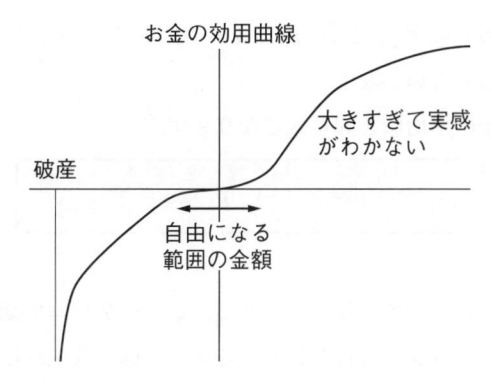

お金の効用曲線

破産

自由になる範囲の金額

大きすぎて実感がわかない

　宝くじが売れるかどうかは「マイナスの効用が小さくて，プラスの効用の期待値が大きい」かどうかによる．当たれば1兆円だが，1枚100万円，というようなくじは，マイナスの効用が大きすぎておそらく売れないだろう．

　ということで，ちび丸，君は確率0.1で100円儲かるが，確率0.9で10円損をするようなゲームをやりたいと思うかね．

ちび丸：そうですね，そのようなゲームを10回やれば，平均して1回は100円儲かります．しかし，9回は10円損をしますよね．したがって，差し引き$100-90=10$円の得です．ゲーム1回あたりではプラス1円です．だから，何回も繰り返せるならこのゲームをやる価値はありますね．

博士：そうだ．いま君の言ったことを式で表したのが**ゲームの期待値**だ．つまり，このゲームの期待値は，

$$0.1 \times 100 - 0.9 \times 10 = 10 - 9 = 1 \,(円)$$

となる．これを**ゲームの利得**と呼ぶこともある．

　では，確率1/100で1000円，1/10で200円もらえるゲームがある．ただし，そのゲームをプレイするのに1回20円必要ならやる価値があると思うかね？

ちび丸：このゲームを100回やると，平均して1回は1000円がもらえます．また，10回は200円がもらえます．ただし，$20\times100=2000$円の投資が必要です．

　ですから差し引き$1000+2000-2000=1000$円の儲けで，1回あたりに直すと10円です．だから，私はこのゲームに賭けてみたいですね．

第 1 章　確率計算のコツ

博士：では，一般に確率 p_1 で x_1，p_2 で x_2，…，p_n で x_n の利得が期待できるゲームの利得はどのくらいかな？

ちび丸：確率分布の平均値と同じ式になります．

$$p_1 \times x_1 + p_2 \times x_2 + \cdots + p_n \times x_n = \sum_{i=1}^{n} p_i \times x_i$$

です．

博士：そのとおりだ．すでに述べたように，これは**ゲームの期待値**の定義でもある．ラスベガスやカジノで行われておるゲームは，要すれば賭博のことだが，プレイヤーにとっての期待値はほとんどがマイナスだ．そうでなければ店が破綻するからな．碁や将棋，チェスなどのゲームは技量でカバーできる部分が大きいので賭博ではないが，こちらはあまり確率の対象にはならない．マージャンはまあ，確率と技量半々というところかな．

ミニクイズ

10 回に 1 回は 3000 円もらえるゲームに，プレイ料 200 円を支払う価値は _____ ．

第2章　いろいろな確率分布

第1節　超幾何分布

博士：ちび丸，52枚のトランプ・カードから5枚を抜き取ったとき，異なる組合せの数はいくつあるかね？　その際，カードは52種類全部が，絵柄も含めて区別できるが，出る順番は関係ないものとしよう．

ちび丸：似たような問題がありましたね．そうそう，n 個の番号のついたボールから m 個を取り出した場合，異なる並べ方はいくつあるか，という問題と同じだから，

$$_{52}C_5 = \frac{52 \times 51 \times 50 \times 49 \times 48}{5 \times 4 \times 3 \times 2 \times 1} = 2598960$$

です．

博士：では，その5枚の中にA（エース）が2枚含まれるような組合せはいくつあるかな？　Aは4枚あるが，ここでは絵柄を区別しない．A以外のカードを●として考えなさい．

ちび丸：エーと，Aは全部で4枚ありますよね．そのうちの2枚が最初の5枚中に含まれるから，区別できる並べ方は，

　　　　A A ● ● ●
　　　　A ● A ● ●
　　　　A ● ● A ●
　　　　　　…

第2章 いろいろな確率分布

となりますね．これは5個のボールの中に2個の白いボールが含まれている場合の組合せの数と同じだから，

$$_5C_2 = \frac{5!}{2! \times 3!} = \frac{20}{2} = 10 \text{（通り）}$$

じゃないですか．

博士：そうだ．ではもう一声．52枚のカードから5枚を抜き出したら，そのうちの2枚がAである確率は？

ちび丸：分母は52枚のカードから5枚を取り出す取り出し方の数，分子は4枚のAのうち，2枚が含まれている確率ですから，

$$\frac{_4C_2}{_{52}C_5} = \frac{4!}{2! \times 2!} \times \frac{5! \times 47!}{52!}$$
$$= \frac{4 \times 3 \times 5 \times 4 \times 3 \times 2 \times 1}{2 \times 1 \times 52 \times 51 \times 50 \times 49 \times 48} = 0.00000230$$

ですか？

博士：残念だが間違いだ．分母は正しいが分子が間違っている．君は，A以外の3枚のカードの組合せを忘れている．

52枚のカードから5枚を抜き取ったとき，その中に2枚のAが含まれるのは5枚中に，Aが2枚含まれていて，残り3枚はA以外の(48枚の)カードのいずれかが含まれているケースの積になる．だから，

$$\frac{_4C_2 \times _{48}C_3}{_{52}C_5} = \frac{4! \times 48! \times 5! \times 47!}{2! \times 2! \times 45! \times 3! \times 52!} = \frac{6 \times 46 \times 47 \times 4 \times 5}{49 \times 50 \times 51 \times 52} = 0.0399$$

でなければならない．

ちび丸，腑に落ちない顔をしているな．では，2個の黒いボールと，3個の白いボールが混ざっている中から2個を取り出したら，1個が黒で，1個が白である確率を図を描いて求めてみよう．2個の黒いボールと3個の白いボールを並べたとき，区別できる組合せの数はいくつかな？

ちび丸：$_{2+3}C_2 = \frac{5!}{2! \times 3!} = 10$ です．

第1節　超幾何分布

```
●●○○○  ) 2個のうち2個とも黒
●○●○○
●○○●○
●○○○●  )
○●●○○
○●○●○   2個のうち1個が黒
○●○○●
○○●●○
○○●○●  )
○○○●●  ) 2個のうち2個とも白
```

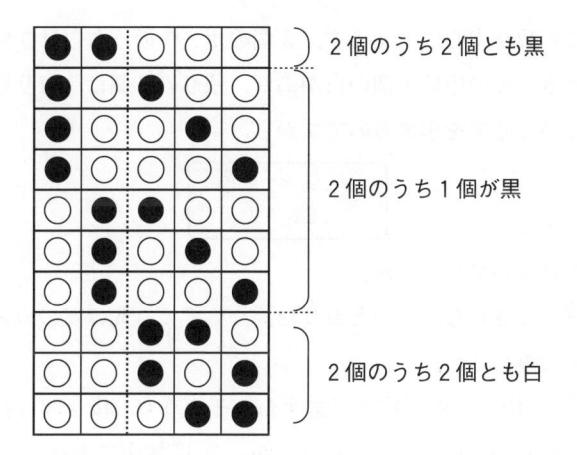

博士：そうだったな．その中で「白が1個で，黒が1個」のケースは上の図からわかるように6つある．だから求める確率は6/10＝3/5となる．「白が1個で，黒が1個」のケースも1通りではないことがわかるだろう．

ちび丸：よくわかりました，博士．

博士：これが**超幾何分布**と呼ばれている確率分布だ．では，いまの式を使って上の問題をもう一度説明しなさい．

ちび丸：エーと，2個の黒いボールと3個の白いボールを1列に並べたときに区別できる組合せの数は $_5C_2=10$ 通りです．その中で，最初に取り出した2個のうち，1個が黒で，1個が白（ということは，残りの3個の内訳は黒1個，白2個）の場合にだけ，与えられた事象が起こるので，答えは，

$$\boxed{\frac{{}_2C_1 \times {}_3C_2}{{}_5C_2} = \frac{2 \times 3}{10} = \frac{3}{5}}$$

です．

博士：よくできた．満点だ．

ちび丸：博士，質問してもいいですか？

博士：なんだ．

ちび丸：違った解き方がありそうです．取り出したボールの数ではなく，白ボ

ールの組合せの数を中心に考えます．5個のボールのうち白は3個です．2個取り出したとき，その中に1個の白があり，残りの2個は，取り残された3個の中に入っている確率を求めるのですから，

$$\frac{{}_2C_1 \times {}_3C_2}{{}_5C_3} = \frac{3}{5}$$

でもよいのではないでしょうか．

博士：急に冴えてきたな．そのとおりだ．ついでに，先ほどのカードの問題もその式で解いてみなさい．

ちび丸：52枚の中にAが4枚ありますね．そのうち，抜き取られた5枚中に2枚含まれ，残りの2枚は抜き取られなかった47枚中にある，と考えれば，

$$\frac{{}_5C_2 \times {}_{47}C_2}{{}_{52}C_4} = 0.0399$$

となります．

博士：そのとおり．計算すればわかるが，答えは前の解き方と同じになるはずだ．それでは，これまでの話をまとめてみよう．

---

n 個の白いボールが含まれている N 個のボールの中から r 個を取り出したとき，そのうちの x 個が白いボールである確率は，

$$P(x) = \frac{{}_nC_x \times {}_{N-n}C_{r-x}}{{}_NC_r}$$

または，

$$P(x) = \frac{{}_rC_x \times {}_{N-r}C_{n-x}}{{}_NC_n}$$

で与えられる．

さて，ちび丸，上の2つの式が同じであることを証明できるかな？　分解して並べ替えてごらん．

ちび丸：やってみましょう．

第1節 超幾何分布

$$P(x) = \frac{{}_nC_x \times {}_{N-n}C_{r-x}}{{}_NC_r}$$

$$= \frac{n!}{x!(n-x)!} \times \frac{(N-n)!}{(r-x)!(N-n-r+x)!} \times \frac{r!(N-r)!}{N!}$$

$$= \frac{r!}{x!(r-x)!} \times \frac{(N-r)!}{(n-x)!(N-n-r+x)!} \times \frac{n!(N-n)!}{N!} = \frac{{}_rC_x \times {}_{N-r}C_{n-x}}{{}_NC_n}$$

というわけです．

博士：よくできた．この式が正しいかどうかをチェックする簡単な方法がある．上の式で分子の左上半分 n と $N-n$ を足せば分母の上半分 N になる．また分子の右半分 $x, r-x$ を足せば分母の下半分になる．そうならなければ，どこかが間違っているということだ．また，分子をすべて総計すれば分母と等しくならなければならない．つまり，

$$\sum_{x=0}^{r} {}_nC_x \times {}_{N-n}C_{r-x} = {}_NC_r$$

ということだ．ちび丸，この式を証明できるかな？

ちび丸：できません．

博士：あっさり引き下がったな．では一緒に証明してみよう．それには，

$$(1+y)^N = (1+y)^n (1+y)^{N-n}$$

であることを利用するのだ．右辺と左辺をそれぞれ2項係数に展開してみなさい．

ちび丸：

$(1+y)^N = {}_NC_0 y^0 + {}_NC_1 y^1 + {}_NC_2 y^2 + {}_NC_3 y^3 + \cdots + {}_NC_N y^N$

$(1+y)^n = {}_nC_0 y^0 + {}_nC_1 y^1 + {}_nC_2 y^2 + {}_nC_3 y^3 + \cdots + {}_nC_n y^n$

$(1+y)^{N-n} = {}_{N-n}C_0 y^0 + {}_{N-n}C_1 y^1 + {}_{N-n}C_2 y^2 + {}_{N-n}C_3 y^3 + \cdots + {}_{N-n}C_{N-n} y^{N-n}$

です．

博士：次に，右辺と左辺で，y^r の係数を求め，両方を等しいとおいてみなさい．

ちび丸：ハイ，左辺 $(1+y)^N$ を展開したときの y^r の係数は ${}_NC_r$ です．一方，右辺 $(1+y)^n (1+y)^{N-n}$ は，

第2章 いろいろな確率分布

$$(1+y)^n(1+y)^{N-n}$$
$$= ({}_nC_0 y^0 + {}_nC_1 y^1 + {}_nC_2 y^2 + {}_nC_3 y^3 + \cdots - {}_nC_n y^n) \times$$
$$({}_{N-n}C_0 y^0 + {}_{N-n}C_1 y^1 + {}_{N-n}C_2 y^2 + {}_{N-n}C_3 y^3 + \cdots + {}_{N-n}C_{N-n} y^{N-n})$$

となりますが，この式の y^r の係数は，

$${}_nC_0 \times {}_{N-n}C_r + {}_nC_1 \times {}_{N-n}C_{r-1} + {}_nC_2 \times {}_{N-n}C_{r-2} + \cdots + {}_nC_r \times {}_{N-n}C_0$$

です．両方を等しいとおくと，

$${}_nC_0 \times {}_{N-n}C_r + {}_nC_1 \times {}_{N-n}C_{r-1} + {}_nC_2 \times {}_{N-n}C_{r-2} + \cdots + {}_nC_r \times {}_{N-n}C_0 = {}_NC_r$$

です．したがって，

$$\sum_{x=0}^{r} {}_nC_x \times {}_{N-n}C_{r-x} = {}_NC_r$$

となります．

博士：それ，簡単に証明できただろう．

さて，ここまでは紙とペンで計算することもできたが，ものすごく時間がかかるし大変だ．そこで，ここから先は，確率の値を計算するのに Microsoft の Excel に備わっている関数を利用することにしよう．確率表を用いる方法もあるのだが，その説明については『確率のはなし』を読んでほしい．

簡単な関数の例をあげれば，$n!$ を計算するには，Excel を立ち上げ，メニ

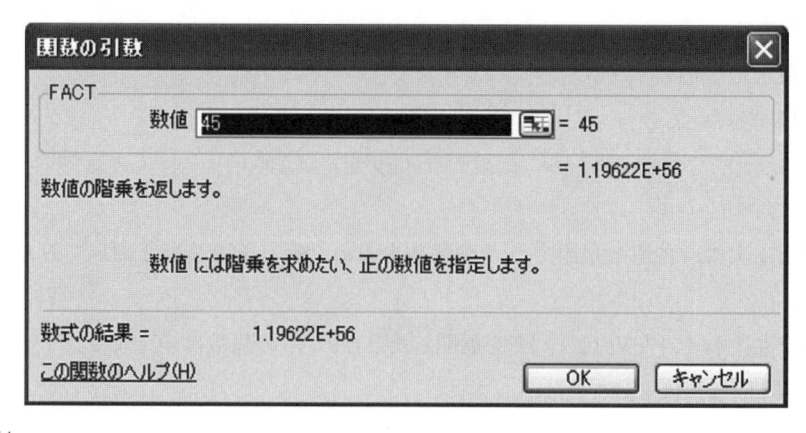

第1節 超幾何分布

ューバーから挿入→関数→FACT(FACTORIAL：階乗)関数を選ぶ．そして，数値のボックスに数値を入力して，OKのボタンを押せば答えが求まる．

ちび丸：博士，1.19622E+56 というのは何の意味ですか？

博士：Eは指数表示といってな，10の56乗の意味だ．Eの前に数字があるところがミソだ．単にE+3ではエラーになる．だから，これを使うと，たとえば1000は1.E+3, 13400は1.34E+4となる．

同じように，組合せ記号 $_nC_m$ を計算するにはCOMBIN(Combination)関数を使う．また，超幾何分布を計算する場合にはHYPGEOMDIST関数(Hypergeometric Distribution：超幾何分布)を選ぶ．この場合は次のようなウィンドウが現れるので，その中に適当な値を入力すれば答えが得られる．計算には記号と日本語の対応に気をつけなければならない．

$$\frac{_rC_x \times _{N-r}C_{n-x}}{_NC_n} = \frac{\binom{r}{x}\binom{N-r}{n-x}}{\binom{N}{n}}$$

$$=\frac{\binom{母集団の成功数}{標本の成功数}\binom{母集団の数-母集団の成功数}{標本数-標本の成功数}}{\binom{母集団の数}{標本数}}$$

ちび丸：博士，母集団や標本について説明してください．

博士：母集団というのは，調べようとするデータ全体のことで，標本は，その中から抜き出したサンプルのことだ．当然，標本の数のほうが少ない．いまはとりあえず，これだけ覚えておけばよい．

ここで，超幾何分布の平均と分散について触れておこう．

$$P(X=x)=f(x)=\frac{{}_nC_x \times {}_mC_{r-x}}{{}_{n+m}C_r}$$

$$E(x)=\sum_{x=0}^{\infty} xf(x)$$

$$Var(x)=\sum_{x=1}^{\infty}(x-E(x))^2 f(x)$$

残念ながら，この計算はかなり手強いので結果だけを述べるとしよう．

$$p=n/(n+m)$$
$$q=m/(n+m)$$

とおくと，

$$E(x)=rp$$

$$Var(x)=rpq\left(\frac{n+m-r}{n+m-1}\right)$$

となる．n は白丸，m は黒丸の数だと考えると，p は全体に占める白丸の比率となる．だから成功率 p の試行を r 回繰り返せば，平均して rp 回成功する，ということだ．

分散の式はややこしいが，n, m が十分に大きければ rpq となる．これはあとで述べる2項分布と同じ形と覚えておけばよい．

ミニクイズ

2個の黒い碁石と3個の白い碁石を混ぜて1列に並べるとき，区別でき

第1節 超幾何分布

る並べ方は □ 通り．

◆ ◆ ◆ 演習問題 5 ◆ ◆ ◆

5-1 白い碁石 5 個，黒い碁石 10 個が入っている袋の中から 4 個の碁石を取り出したとき，そのうち 3 個が白い碁石である確率を求めなさい．

単純な超幾何分布の応用です．

$$\frac{{}_5C_3 \times {}_{10}C_1}{{}_{15}C_4} = 0.0733$$

なぜこうなるかは，考えてみてください．

5-2 よくシャッフルした 52 枚のトランプ・カードから 5 枚のカードを選び出したとき，それらがすべてスペードである確率を求めなさい．

HYPGEOMDIST 関数を使えば計算は簡単です．スペードの数は全部で 13 枚だから，求める確率は，

$$\frac{{}_{13}C_5 \times {}_{39}C_0}{{}_{52}C_5} = 0.0005$$

となります．

しかし，実は，この問題は超幾何分布を知らなくても解けます．まず，最初の 1 枚がスペードである確率は 13/52，次の 1 枚もスペードである確率は 12/51，…というように計算して全部をかけ合わせれば，

$$\boxed{\frac{13}{52} \times \frac{12}{51} \times \frac{11}{50} \times \frac{10}{49} \times \frac{9}{48} = 0.0005}$$

となります．しかし，全部がスペードでない場合には話はややこしくなります．そのような場合も含めて，解けるようにしたのが超幾何分布なのです．

第2章 いろいろな確率分布

5-3 よくシャッフルした52枚のトランプ・カードから5枚のカードを選び出したとき、その中に3枚のKが含まれている確率を求めなさい．

5枚を選び出したとき、4枚あるKのうちの3枚がその中に含まれ、残りの2枚は、ほかの12種類のカードからきている場合にのみ、この組合せが起こります．ゆえに、答えは，

$$\frac{{}_4C_3 \times {}_{48}C_2}{{}_{52}C_5} = 0.0017$$

となります．

また、次のように考えてもいいでしょう．すなわち、52枚の中にKは4枚あります．そのうち抜き出された5枚の中に3枚が含まれ、残りの1枚が47枚の中に残っている場合に、この組合せの手が出るので，

$$\frac{{}_5C_3 \times {}_{47}C_1}{{}_{52}C_4} = 0.0017$$

となります．

5-4 52枚のトランプ・カードから13枚を抜き出したとき、それらが7枚のスペード，3枚のハート，2枚のダイヤ，1枚のクラブから構成されている確率を求めなさい．

超幾何分布の式は、何も分子が2つの「組合せ記号」のかけ算でなければならない、ということはありません．次のように4つでもかまいません．

$$\frac{{}_{13}C_7 \times {}_{13}C_3 \times {}_{13}C_2 \times {}_{13}C_1}{{}_{52}C_{13}} = 0.0008$$

5-5 白球7個，赤球3個の入った袋から6個同時に取り出すとき、白球の個数が赤球の個数よりも多い確率を求めなさい．

求めるのは、白と赤の球がそれぞれ (6, 0)，(5, 1)，(4, 2) のケースの和に

第1節 超幾何分布

なります．つまり，答えは，
$$\frac{{}_7C_6 \times {}_3C_0 + {}_7C_5 \times {}_3C_1 + {}_7C_4 \times {}_3C_2}{{}_{10}C_6} = \frac{5}{6} = 0.8333$$
となります．

5-6 下のような格子状の路地の出発点から目的地まで行く経路を，すべて列挙するといくつありますか．ただし，出発点からは右と上方向にしか進めないものとします．

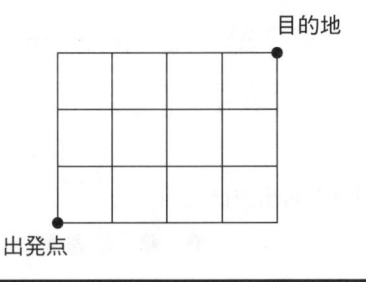

格子状の路地を右と上に進む際の経路は，●と○で表すことができます．

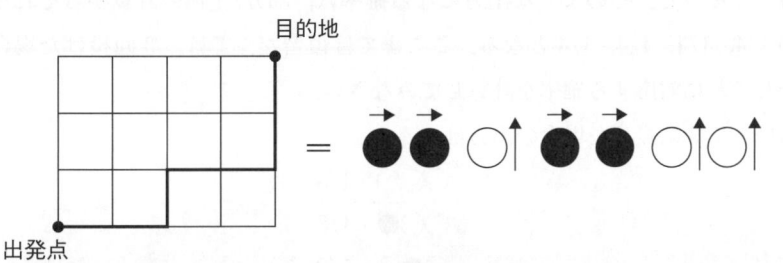

すなわち，目的地に到達するには，ステップの順序にかかわらず左に4ステップ，上に3ステップ歩けばよいのです．右への進むのを●，上への進むのを○で表すと，●4つと○3つを1列に並べた場合の並べ方の数が答えとなります．したがって，次のようになります．
$${}_7C_3 = 35$$
ところで，途中で下や左方向には進めないのは，●，○を2項係数に対応さ

第 2 章　いろいろな確率分布

せる問題だからです．行ったり来たりできるのでは，経路の数はいくらでも多くなってしまいます．ただし，前の図で出発点と目的地を逆にすれば下方向，左方向に進むことになります．

> ミニクイズ
> 　格子状の路地を，右に 4 ステップ，上に 5 ステップ進む場合の進み方の数は全部で □ 通りある．

第 2 節　2 項分布

博士：ちび丸，10 円玉を 2 回投げたらどのような結果が出るかな？　表を○，裏を●で書いてみなさい．

ちび丸：はい．2 回投げたら出方は，

○○, ○●, ●○, ●●

のどれかになります．

博士：そうだ．そのような出方になる確率は，部分/全体の計算からそれぞれが 1/4, 1/4, 1/4, 1/4 となる．ここまでは復習だ．では，3 回投げた場合，それぞれに対応する確率を計算してみなさい．

ちび丸：3 回投げた場合の出方は，

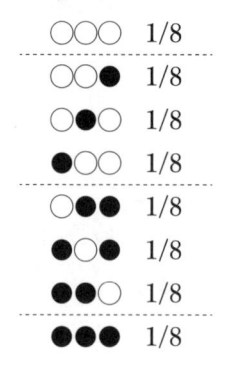

○○○　1/8
○○●　1/8
○●○　1/8
●○○　1/8
○●●　1/8
●○●　1/8
●●○　1/8
●●●　1/8

の 8 つです．

第2節 2項分布

博士：全部表，1枚裏，2枚裏，全部裏の確率はどうなるかな．
ちび丸：1/8，3/8，3/8，1/8 です．
博士：そうだ．ここで図を見て何か気がつかないか．
ちび丸：裏1枚の場合の並べ方は，2個の○と1個の●を並べた場合の並べ方の数，つまり $_3C_1$ になっていますね．2枚裏の場合にも $_3C_2$ になっています．
博士：そのとおりだ．つまり，

$$P(全部表) = {}_3C_0\left(\frac{1}{2}\right)^3 = \frac{1}{8}$$

$$P(1枚裏) = {}_3C_1\left(\frac{1}{2}\right)^3 = \frac{3}{8}$$

$$P(2枚裏) = {}_3C_2\left(\frac{1}{2}\right)^3 = \frac{3}{8}$$

$$P(全部裏) = {}_3C_3\left(\frac{1}{2}\right)^3 = \frac{1}{8}$$

となっている．これに気づけばしめたものだ．もっと大きな数の場合にも応用できそうだからな．

さっそくだが，ちび丸，10円玉を10回投げて，そのうち3回表が出る確率はいくつかな．これは問題2-3で宿題になっていたものだ．
ちび丸：

$$\boxed{{}_{10}C_3\left(\frac{1}{2}\right)^{10} = \frac{120}{1024} = 0.1172}$$

ですか．
博士：でかした．●や○を書かなくても問題を解くことができたな．
　この問題は，裏と表の出る確率を 1/2 としているが，もし硬貨が偏っていて，表が出る確率が p，裏が出る確率を $q=1-p$ としたらどうなるかな？
ちび丸：10回投げて，そのうち3回が表，7回が裏となる確率は，

$$\boxed{{}_{10}C_3 p^3 (1-p)^7}$$

です．

第2章　いろいろな確率分布

博士：そのとおりだ．1回の試行で成功する確率が p なら，n 回の試行のうち x 回成功する確率は，

$$P(X=x) = {}_nC_x p^x (1-p)^{n-x} = {}_nC_x p^x q^{n-x}$$

で与えられるのだ．このような確率分布は **2項分布** と呼ばれている．なぜかというと，p と q という2つの項の和の n 乗を展開したときの展開項が，この分布の値になっているからだ．つまり，

$$(p+q)^n = {}_nC_0 p^n q^0 + {}_nC_1 p^{n-1} q^1 + {}_nC_2 p^{n-2} q^2 + \cdots + {}_nC_n p^0 q^n$$
$$= \sum_{x=0}^{n} {}_nC_x p^x q^{n-x}$$

となる．ところで，ちび丸，この式の左辺の値はいくつかな？

ちび丸：ハイ，$p+q=1$ ですから，1 です．

博士：そうだ．したがって右辺も当然1になる．

$$\sum_{x=0}^{n} {}_nC_x p^x q^{n-x} = (p+q)^n = 1^n = 1$$

ミニクイズ
10円玉を4枚同時に投げたら，裏が3枚出る出方の数は ☐ 通り．

◆ ◆ ◆ 演習問題6 ◆ ◆ ◆

6-1 白球7個，黒球3個が入った箱があります．箱から1個取り出してもとに戻す操作を4回繰り返すとき，黒球がちょうど2回出る確率を求めなさい．

球を1個取り出したときにそれが白球である確率は 3/10，黒球である確率は 7/10 なので，求める答えは，

$$ {}_4C_2 \times \left(\frac{3}{10}\right)^2 \times \left(\frac{7}{10}\right)^2 = 0.2646 $$

第2節　2項分布

[関数の引数ダイアログ: BINOMDIST　成功数 2 = 2、試行回数 4 = 4、成功率 3/10 = 0.3、関数形式 0 = FALSE、= 0.2646　個別項の二項分布の確率を返します．関数形式には関数の形式を表す論理値を指定します．数式の結果 = 0.2646]

となります．2項分布を計算するには Excel の BINOMDIST (Binomial Distribution：2項分布) 関数を使うと便利です．

この関数を開くと次のようなウィンドウが表示されるので，関数形式のボックスに0を入力すると確率密度関数（成功率が2である確率）が得られます．なお，1を入力すれば分布関数（成功率0, 1, 2の和）が得られます．

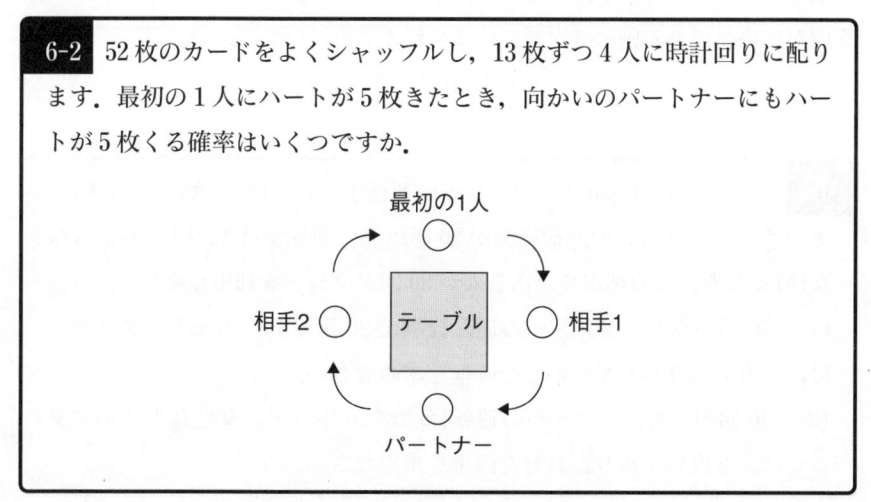

6-2　52枚のカードをよくシャッフルし，13枚ずつ4人に時計回りに配ります．最初の1人にハートが5枚きたとき，向かいのパートナーにもハートが5枚くる確率はいくつですか．

[図：テーブルを囲んで 最初の1人、相手1、パートナー、相手2 が時計回りに配置されている]

最初の1人にハートが5枚くる確率は，

第2章　いろいろな確率分布

$$\frac{{}_{13}C_5 \times {}_{39}C_8}{{}_{52}C_{13}} = 0.1247$$

です．パートナーにもハートが5枚くる確率は，

$$\frac{{}_8C_5 \times {}_{31}C_8}{{}_{39}C_{13}} = 0.0544$$

となります．ゆえに，求める答えはこの両方をかけて，0.0068となります．

　カードのゲームには，コントラクト・ブリッジのように，4人のプレイヤーに13枚ずつ配り，向かい同士がパートナーになってプレイするものがありますが，そのときの相手の2人の手はどうなるでしょう．実は，そのどちらにも，ハートが5枚くる確率はパートナーとまったく同じです．だから，パートナーの手だけ考えて相手側の手を忘れるようなことがあってはいけません．

6-3 立ち上がったばかりの生産ラインの試作品には，10個に1個の割合で不良品が含まれています．この中から7個を抽出して検査したとき，不良品が2個含まれている確率を求めなさい．

　抽出したサンプルが不良品でない確率は0.9です．7個のうち2個が不良品，5個が合格品である確率は次式で与えられます．

$$_7C_2 \times 0.1^2 \times 0.9^5 = 0.1240$$

6-4 ある都市には350人のタクシーの運転手がいて（うち女性は26人），そのうち，タクシーの運転経験が20年以上の運転手は45人（うち7人は女性）でした．この都市で，ある人が30回タクシーを利用しました．
(1) 30回のうち，タクシーの運転経験が20年以上の運転手のタクシーに，1度も乗り合わせなかった確率を求めなさい．
(2) 30回のうち，タクシーの運転経験が20年以上の女性運転手のタクシーに，2度以上乗り合わせた確率を求めなさい．

(1) 30回タクシーを利用したとき，タクシーの運転経験が20年以上の運転

手に x 回に乗り合わせたとすると，次の式が成り立ちます．
$$P(X=x) = {}_{30}C_x \times \left(\frac{45}{350}\right)^x \times \left(\frac{350-45}{350}\right)^{30-x}$$
$$= {}_{30}C_x \times 0.1286^x \times 0.8714^{30-x}$$
したがって，求める答えは，
$$P(X=0) = 0.8714^{30} = 0.0161$$
です．

(2) タクシーの運転経験が20年以上の女性運転手のタクシーに，x 回乗り合わせた確率は，
$$P(X=x) = {}_{30}C_x \times \left(\frac{7}{350}\right)^x \times \left(\frac{350-7}{350}\right)^{30-x}$$
$$= {}_{30}C_x \times 0.02^x \times 0.98^{30-x}$$
となります．ゆえに，求める確率は，
$$1 - P(X=0) - P(X=1) = 1 - 0.5455 - 0.3340 = 0.1205$$
です．

6-5　忍者が下の図のような格子状の路地の出発点から目的地に向かうという情報があったので，途中の通過点1, 2, 3, 4, 5, 6のどこかで待ち伏せすることにしました．各路地の分かれ目に来たときに，忍者が右と上を選ぶ確率は同じく1/2ずつであるとしたとき，どの通過点に待ち伏せする

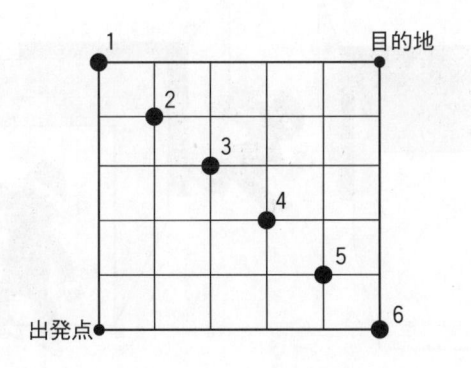

第2章 いろいろな確率分布

のが最も忍者と遭遇する確率が高いですか．

　碁盤の目状になっている縦横の道を，出発点から，横，縦 (n, m) にある目的地に到着する道筋は ${}_{n+m}C_n$ 通りある，ということを応用した問題です．

　通過点1を通る通り方は上，上，上，上，上と進んだときのみですから ${}_5C_0$ 通りです．したがって，そこを通過する確率は，

$$_5C_0 \times \left(\frac{1}{2}\right)^5 = \frac{1}{32}$$

となります．通過点2を通る通り方は，右に1回，上に4回進んだときですから ${}_5C_1$ 通り，そこを通過する確率は，

$$_5C_1 \times \left(\frac{1}{2}\right)^5 = \frac{5}{32}$$

となります．同じく通過点3を通る通り方は ${}_5C_2$ 通り，そこを通過する確率は，

$$_5C_2 \times \left(\frac{1}{2}\right)^5 = \frac{10}{32}$$

通過点4を通る通り方は ${}_5C_3$ 通り，そこを通過する確率は，

$$_5C_3 \times \left(\frac{1}{2}\right)^5 = \frac{10}{32}$$

通過点5を通る通り方は ${}_5C_4$ 通り，そこを通過する確率は，

$$_5C_4 \times \left(\frac{1}{2}\right)^5 = \frac{5}{32}$$

通過点6を通る通り方は ${}_5C_5$ 通り，そこを通過する確率は，

第2節　2項分布

$$_5C_5 \times \left(\frac{1}{2}\right)^5 = \frac{1}{32}$$

となります．つまり，通過点3あるいは4の地点に待ち伏せしたときが最も忍者と遭遇する確率が高くなります．

6-6 次のように格子状の道を左下の角から右上の角まで，右，上と進む道順の組合せ数が書いてあります．○の部分の数字を埋めなさい．

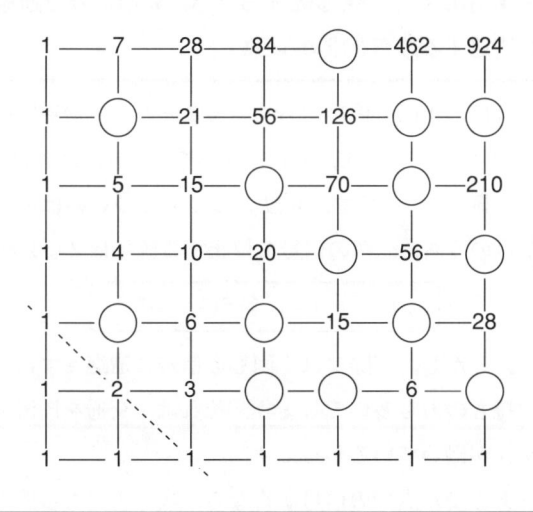

```
1 ── 7 ── 28 ── 84 ──  ○  ── 462 ── 924
1 ── ○ ── 21 ── 56 ── 126 ──  ○  ──  ○
1 ── 5 ── 15 ──  ○  ── 70 ──  ○  ── 210
1 ── 4 ── 10 ── 20 ──  ○  ── 56  ──  ○
1 ── ○ ── 6  ──  ○  ── 15 ──  ○  ── 28
1 ── 2 ── 3  ──  ○  ──  ○  ──  6  ──  ○
1 ── 1 ── 1  ──  1  ──  1  ──  1  ──  1
```

上図の数字を下から斜めに見ていった場合の並び，たとえば (1, 2, 1) は $_2C_0, {}_2C_1, {}_2C_2$ というように，2項係数を展開したときの係数になっています．これさえわかれば，○の部分を埋めるのは簡単です．また，ある場所の数字は，その左と下の場所の数字の和となります．

$$_{n-1}C_{m-1} + {}_{n-1}C_m = \frac{(n-1)!}{(m-1)!(n-m)!} + \frac{(n-1)!}{m!(n-m-1)!}$$

$$= \frac{(n-1)!}{m!(n-m)!}\{m + (n-m)\}$$

$$= \frac{n!}{m!(n-m)!} = {}_nC_m$$

これは**パスカルの公式**と呼ばれています．また，「縦―横―斜め」の線で構成される三角形は**パスカルの三角形**と呼ばれています．ここまで説明すれば，上の○の部分を埋めるのは簡単でしょう．

6-7 車で n 個の信号を横切るとき，最後の信号までたどり着くまでに遭遇する赤信号の数は確率変数です．信号にたどり着いたときにどの信号が赤である確率も等しく p であるとするとき，n 回信号を通過するまで x 回の赤信号に遭遇する確率を求めなさい．

前提が正しければ，1回も信号待ちをすることなく，最短時間で最後の信号に到達する確率は $(1-p)^n$ です．逆に，すべての信号で信号待ちをしなければならない不運な確率は p^n です．頻度として最も多いのはその中間です．つまり，n 個の信号のうち，x 個の信号で停止する確率は2項分布で与えられ，

$$p(X=x) = {}_nC_x p^x (1-p)^{n-x}$$

となるはずです．しかし，実際には1回も赤信号に遭遇せずにスムーズに運転できた経験をお持ちの方も多いでしょう．それは，交通を円滑に流すように，交通管制システムが働いているからです．

したがって，ある交差点での信号が青なら，次も青である確率が高いので，信号の色は独立ではない，ということです．

6-8 同一重量になるように製造された，非常に軽い複数個の物体の重量を精密天秤で測定します．測定は実験室で行われますが，いかにゴミの少ない部屋でも，空気中から目に見えないちりやほこりが舞い落ちてくることは避けられません．

物体の周辺にも，空中からほぼ均等な落下密度でゴミが舞い落ちています．ゴミが物体に付着すれば，物体の重量はわずかに増加し，複数個付着すれば，そのぶん重量も増えます．

第2節 2項分布

> 舞い落ちてくる1個のゴミが物体に付着する確率をpとします．測定以前にn個のゴミが落下するとき，そのうちx個のゴミが物体に付着する確率を求めなさい．

これは測定誤差が2項分布で近似できる(つまり，ゴミが物体に付着すると誤差になり，それが積もると2項分布になる)という誤差のモデルです．すなわち，ゴミがx個付着する確率は，2項分布，

$$p(X=x)={}_nC_x p^x (1-p)^{n-x}$$

で与えられます．ゴミが付着した複数個の物体の重量を精密に測定すれば2項分布で近似できる，ということになります．

> **6-9** 約320平方キロメートルの海域に5人の遭難者が漂流しています．彼らが海域のどの場所にいるかは不明です．そこで，捜索のための航空機を飛ばして捜索することにしました．航空機は，1時間あたり40平方キロメートルを捜索できます．もし遭難者がバラバラに漂流している場合，4時間で全員が発見される確率を求めなさい．また，遭難者が一緒に漂流している場合にはどうですか．

まず，遭難者がバラバラに漂流している場合から考えましょう．この場合，遭難者が海域のどの場所にいる確率も等しいと考えられます．4時間分の捜索域は全体の半分なので，求める答えは，

$$ {}_5C_5 \left(\frac{1}{2}\right)^0 \left(\frac{1}{2}\right)^5 = \frac{1}{2^5} = \frac{1}{32} = 0.03125$$

8時間で捜索が完了するので，4時間では海域の半分が捜索できます．したがって，遭難者が一緒に漂流している場合，4時間で全員が発見される確率は0.5です．全員そろって助けられる確率を高めようと思ったらバラバラにならないことです．

第2章 いろいろな確率分布

6-10 運動会の球入れゲームで，30人の児童がかごに球を投げています．投げた球がかごに入る確率を0.1とします．児童がそれぞれ10個の球を投げ終わったとき，かごの中に入っている球の数が35個以上である確率を求めなさい．

2項分布の応用問題です．$p=0.1$, $n=300$ として答えを求めると，

$$\sum_{x=35}^{300} p^x (1-p)^{300-x} = 1 - \sum_{x=1}^{34} p^x (1-p)^{300-x}$$

です．ExcelのBINOMDIST関数を使うと，

[BINOMDIST関数ダイアログ: 成功数34, 試行回数300, 成功率0.1, 関数形式2, 結果=0.808647222]

答えは $1-0.8086=0.1914$ となります．

6-11 2項分布の平均値と分散を求めなさい．

2項分布は次の式で表されます．

$$P(X=x) = f(x) = {}_nC_x p^x (1-p)^{n-x} = {}_nC_x p^x q^{n-x} \quad (q=1-p)$$

平均値の定義から計算すると，

$$E(x) = \sum_{x=0}^{n} x f(x) = \sum_{x=0}^{n} x({}_nC_x p^x q^{n-x}) = np \sum_{x=1}^{n-1} {}_{n-1}C_{x-1} p^{x-1} q^{n-x} = np$$

となります．また，分散は，

$$\begin{aligned}Var(x) &= \sum_{x=0}^{n} x^2 f(x) - E(x)^2 \\ &= \sum_{x=1}^{n} x(x-1)\,_nC_x p^x q^{n-x} + E(x) - E(x)^2 \\ &= n(n-1)p^2 \sum_{x=2}^{n-2} {}_{n-2}C_{x-2} p^{x-2} q^{n-x} + np - (np)^2 \\ &= n(n-1)p^2 + np - (np)^2 \\ &= (np)^2 - np^2 + np - (np)^2 = np(1-p) = npq\end{aligned}$$

となります．つまり，成功率 p の試行を n 回行えば，平均して np 回成功します．2項分布は p の値によって分散が異なりますが，分散が最も大きくなるのは p がいくつの場合でしょうか．

分散 $npq = np(1-p)$ は，p が 0 でも 1 でも 0 になるので，その中間あたりが最も大きくなりそうです．それを求めるには，p で微分して 0 とおきます．微分記号 d を使い，分散値を p で微分すると，

$$\boxed{\frac{dnp(1-p)}{dp} = n(1-2p) = 0}$$

となります．予想どおり $p = \dfrac{1}{2}$ のときに分散が最も大きくなります．

第3節　正 規 分 布

博士：**正規分布**は，ほかの確率分布とのかかわりがあるので，ここで紹介しておこう．正規分布は，次のような確率密度関数を持つ．

$$f(x) = \frac{1}{\sigma\sqrt{2\pi}} \exp\left[-\frac{1}{2\sigma^2}(x-\mu)^2\right] \quad (-\infty < x < \infty)$$

∞ は無限大，σ は**標準偏差**，σ^2 は**分散**，μ は**平均値**，また exp は**指数関数**で $\exp(x) = e^x$ の意味だ．確率変数 x の係数が 2 乗になっているから，平均値 μ を中心として左右対称の釣鐘状となっている．

正規分布は慣用的に $N(\mu, \sigma^2)$ と表されている．つまり $N(\mu, \sigma^2)$ といえば，

平均値が μ で，分散が σ^2 の正規分布に従う確率変数ということになる．

　正規は**標準**という意味だ．正規分布は，確率分布の中でも最も重要な位置づけにあり，製品の重量や寸法などの測定誤差も正規分布に従うことがわかっている．

ちび丸：でも，この関数は積分がむずかしそうですね．

博士：確かに一筋縄ではいかない．実現値 X が x よりも小さい**累積分布関数**は次の式で与えられる．

$$P(X \leq x) = \int_{-\infty}^{x} \frac{1}{\sigma\sqrt{2\pi}} \exp\left[-\frac{1}{2}\left(\frac{x-\mu}{\sigma}\right)^2\right] dx$$

ここで，

$$y = \frac{x-\mu}{\sigma}$$

とおくと $dx = \sigma dy$ だから，上の式は次のように変形される．

$$P(Y \leq y) = \int_{-\infty}^{y} \frac{1}{\sqrt{2\pi}} \exp(-y^2/2) \, dy$$

　この変換は，σ で割って広がりの違いを補正し，平均値を座標の中心に移動させるためのものだ．Excel には，親切にも x, μ, σ を入力すると y を返す STANDARDIZE という関数があるが，これは**標準化変換**，あるいは**正規化変換**とでもいえばよいだろう．x が正規分布 $N(\mu, \sigma^2)$ に従うとき，この変換を行うと，

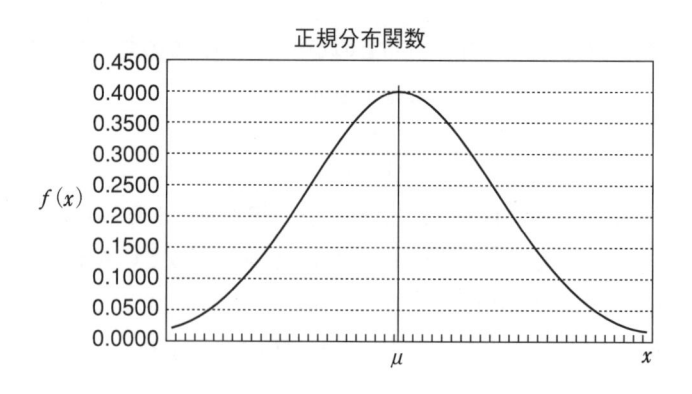

正規分布関数

第3節 正規分布

$$y = \frac{x - \mu}{\sigma}$$

は平均値 $\mu=0$，分散 $\sigma^2=1$ の正規分布 $N(0, 1)$ になる．

式の積分は数値積分によってすでに数値表が作成されているから，それを使って値が求められる．また，Excel の NORMDIST 関数を使ってもよい．では，わかりやすい例を使って正規分布を説明しよう．

ある受験生は，模擬試験で合計 800 点満点中 670 点の成績であった．受験生全体の平均点が 550 点，標準偏差が 87 点であることがわかっているとき，この受験生はトップからどの位置にいるか，というのが問題だ．模擬試験の点数の分布は必ずしも正規分布だとは限らないのだが，ここでは正規分布だと仮定しての話だ．

受験生全体の人数が 100% にあたるから，670 点の受験生が，その何%になるかを知りたければ，正規分布を左から 670 点のところまで積分すればいい．それには，

$$P(X \leq x_0) = \int_{-\infty}^{670} \frac{1}{87\sqrt{2\pi}} \exp\left[-\frac{1}{2} \frac{(x-550)^2}{(87)^2}\right] dx$$

の値を求める必要がある．これを計算するために，

$$y = \frac{x - 550}{87}$$

を導入するわけだ．$dx = 87 dy$ だから，この積分は，

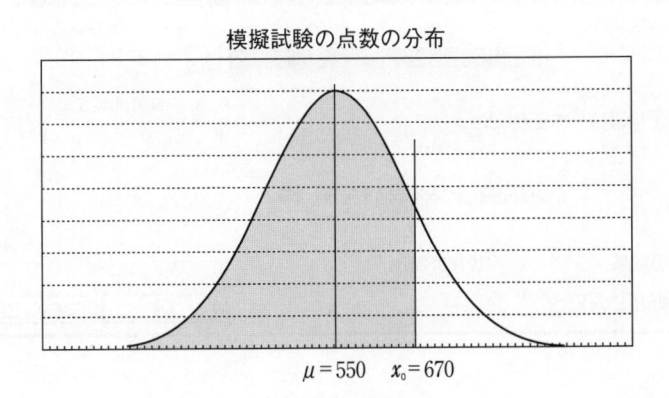

模擬試験の点数の分布

$\mu = 550 \quad x_0 = 670$

第2章　いろいろな確率分布

$$y_0 = \frac{x_0 - \mu}{\sigma} = \frac{670 - 550}{87} = \frac{120}{87} = 1.379 \int_{-\infty}^{y_0} \frac{1}{\sqrt{2\pi}} \exp(-y^2/2)\, dy$$

となるから，x を 670 まで積分するのは y を 1.379 まで積分するのと同じだ．Excel の NORMSDIST 関数を使って求めてみよう．NORMSDIST の名前は Normal Standard Distribution の略になっていて，正規分布という意味だ．たとえば，いまの値を求めるには，関数を開いてボックスに 1.379 を代入すれば，0.9161 という値が得られる．これは**正規分布を左側，つまり $-\infty$ から積分した値**ということを覚えておきなさい．この受験生は，受験生全体の人数が 100 人だとすれば，トップから 9 番目程度の位置にいることになるから，かなり優秀な成績だといえそうだ．正規分布の分布関数は慣用的に $\Phi(x)$（ファイ・エックス）という記号が使われることが多い．たとえば，

$$\int_{-\infty}^{y_0} \frac{1}{\sqrt{2\pi}} \exp(-y^2/2)\, dy = \Phi(y_0)$$

というように書く．$\Phi\left(\dfrac{x_0 - \mu}{\sigma}\right)$ と書いてもいい．では，ちび丸，

$$\int_{y_0}^{\infty} \frac{1}{\sqrt{2\pi}} \exp(-y^2/2)\, dy$$

を $\Phi(x)$ の形で表してみなさい．

ちび丸：この式は，1から $\Phi(y_0)$ を引いた値ですから，

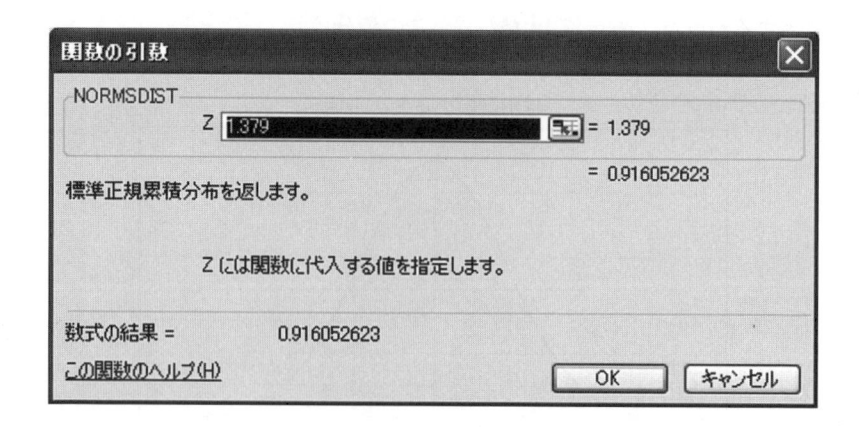

第3節 正規分布

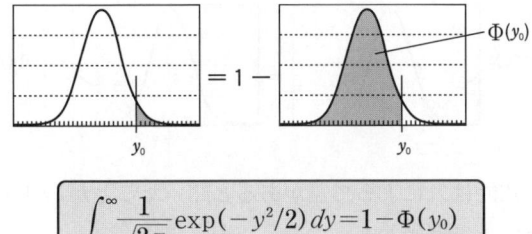

$$\int_{y_0}^{\infty} \frac{1}{\sqrt{2\pi}} \exp(-y^2/2)\, dy = 1 - \Phi(y_0)$$

となります．

博士：それならば，

$$\int_{-y_0}^{y_0} \frac{1}{\sqrt{2\pi}} \exp(-y^2/2)\, dy$$

はどうかな．

ちび丸：

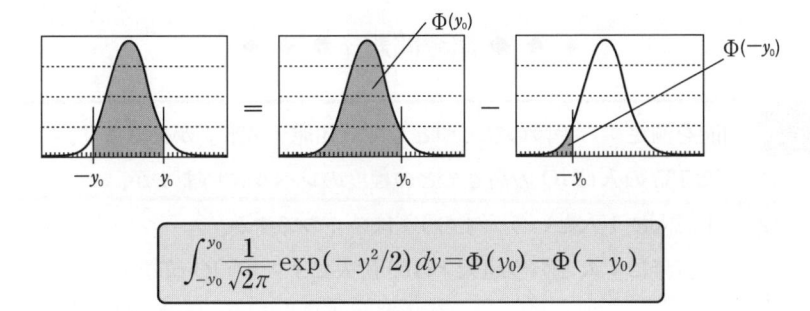

$$\int_{-y_0}^{y_0} \frac{1}{\sqrt{2\pi}} \exp(-y^2/2)\, dy = \Phi(y_0) - \Phi(-y_0)$$

です．

博士：もっと簡単な形にならないかな．

ちび丸：正規分布は左右対称なので，

$$\Phi(-y_0) = 1 - \Phi(y_0)$$

です．したがって，

$$\Phi(y_0) - \Phi(-y_0) = 2\,\Phi(y_0) - 1$$

となります．

博士：そうだ．$\Phi(x)$ の意味がわかったかな．

第2章 いろいろな確率分布

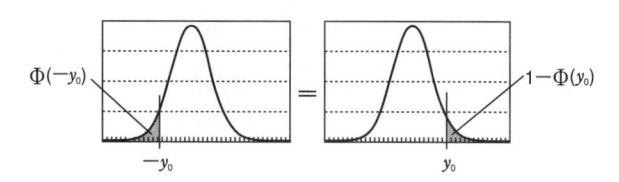

ちび丸：人間の知能は人によって差があると聞いたことがあります．知能テストも正規分布に従うのですか？

博士：そのとおりだ．「知能テスト」は広く使われている．試験問題は年齢を考慮し，あらかじめ得点が平均値が100，標準偏差が15であるように作成されている．テストの得点は知能指数，あるいはIQと呼ばれている．

ちび丸：私の友人にIQ 135の秀才がいます．彼はどの程度頭がよいのですか．

博士：それに答えるために，次の問題を見てみよう．

◆ ◆ ◆ 演習問題7 ◆ ◆ ◆

7-1 知能を測定する手段のひとつとして「知能テスト」があります．
(1) IQ 135の人はIQの高さでどの程度のレベルにいますか．
(2) 1億人に1人という天才のIQはいくつですか．
(3) 数百年に1人という超天才(100億人に1人)のIQ値を推算しなさい．
(4) いままでに出たことのない超々天才(1000億人に1人)のIQ値を推算しなさい．

(1) IQが135点以上である確率は

$$P(x \geq 135) = P\left(\frac{x-100}{15} \geq \frac{135-100}{15}\right)$$

$$= P(y \geq 2.333) = 0.9902$$

つまり，100人に1人程度です．

第3節 正規分布

(2) 1億人に1人という天才のIQについて,次の式が成り立ちます.

$$P(x \geq IQ) = 0.00000001$$

$$P\left(\frac{x-100}{15} \geq \frac{IQ-100}{15}\right) = 0.00000001$$

$$\frac{IQ-100}{15} = 5.612$$

$$IQ = 100 + 15 \times 5.612 = 184.18$$

したがって,IQは184となります.ところで,確率0.00000001がどうして5.612になるかというと,ExcelにはNORMINVという正規分布の逆関数の値を求める関数があって,これを使うと与えられた確率になるようなzの値はいくつかがわかります.ただ,この関数を使うときに気をつけなければならないのは,そのままでは左側から積分した値を返すため,0.00000001を代入するとマイナスの値になってしまいます.右側からの積分値に直すには,単に符号を変えればよいだけです.なお,問題は標準形に直してあるので,平均値は0,標準偏差は1を入力することを忘れないように気をつけてください.確率表には,このように小さな確率の値の逆関数は載っていませんので,この点ではExcelのほうが便利です.

第 2 章　いろいろな確率分布

(3)　数百年に 1 人という超天才は 100 億人に 1 人なので，IQ 値は，
$$P(x \geqq IQ) = 0.0000000001$$
$$P\left(\frac{x-100}{15} \geqq \frac{IQ-100}{15}\right) = 0.0000000001$$
$$\frac{IQ-100}{15} = 6.3613$$
$$IQ = 100 + 15 \times 6.3613 = 195.42$$

つまり，IQ は 195 となります．世界中の人口は 64 億人ですから世界一 IQ が高くても，これ以上にはなりません．

(4)　いままでの出たことのない超々天才は 1000 億人に 1 人なので，
$$P(x \geqq IQ) = 0.00000000001$$
$$P\left(\frac{x-100}{15} \geqq \frac{IQ-100}{15}\right) = 0.00000000001$$
$$\frac{IQ-100}{15} = 7.0345$$
$$IQ = 205.52$$

つまり，IQ は 206 となります．
ところで，ゲーテ，ベートーベン，モーツァルト，ニュートンなどの IQ は

いずれも180から200程度，という話がありますが，彼らも知能テストを受けたのでしょうか．また，知能指数200以上の天才児を集めた組織のニュースが報じられたことがありました．しかし，実は，知能指数が200以上というのはありえない数字なのです．正規分布は左右対称で，平均を100としているのですから，200以上の天才がいるなら0以下の人もいるということです．

知能指数がマイナスというのは，いくら何でもひどい話です．知能テストを最初に開発した人も，人の知能はすべて10から190程度の範囲に収まることを想定していたはずです．

それに，ゲーテやベートーベンの時代には現在のような知能テストなるものは存在しません．しかし，彼らがその分野で史上稀に見る天才，ということで，最大限の賛辞として数字で評価したことはありえます．

いまでも，オリンピックで優勝した選手は世界一，と考えればその分野での「能力指数」なるものは190程度に換算できるでしょう．

また，異常な早熟児が幼児向けのテストを受ければ，IQが高くなる可能性があるとはいえ，そのような児童が成人になっても高いままということは珍しいことです．普通の人より多少優れている程度です．

知能テストで，本当に人間の知能を測れるかについても議論の余地があります．現在使われている知能テストは，決まった時間内にいかに多くの問題を解けるか，といういわば「理解力」と「頭の回転の速さ」を評価しています．そのほかにも人間の能力を評価する要因には記憶力，創造力，決断力，洞察力，意志力などがあります．これらはひらめきの早さだけでは決まりませんからIQを過信するのも考えものです．

第4節　2項分布の正規分布による近似

博士：2項分布は，形が正規分布に似ている．そこで，2項分布の確率計算を正規分布で近似することを考えてみよう．

問題6-7で，n個の信号を横切る際，最後の信号までたどり着くまでに遭遇

第2章　いろいろな確率分布

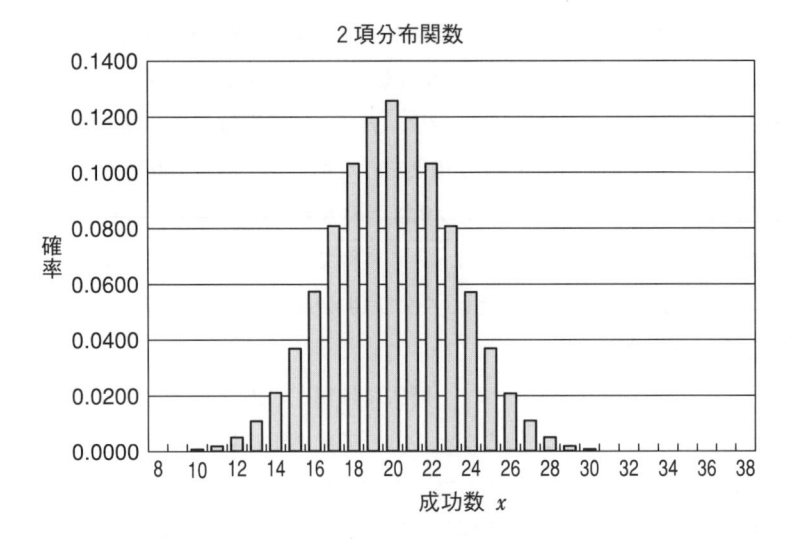

2項分布関数

する赤信号の数の問題があったが，$n=40$, $p=0.5$ の場合のグラフを見ると，上の図のように見事な釣鐘状になっている．

ここで，赤信号の数が 25 以下である確率を 2 項分布で計算すると次のようになる．

$$P(x \leqq 25) = \sum_{i=0}^{25} {}_{40}C_i \left(\frac{1}{2}\right)^i \left(\frac{1}{2}\right)^{40-i}$$

$$= \frac{1}{2^{40}} \sum_{i=0}^{25} {}_{40}C_i = 0.9597$$

n の数が多くなると計算が大変だ．そこで，正規分布で近似することを考えよう．2 項分布の平均値は np，分散は npq(ただし，$q=1-p$)だから，これを μ や σ のかわりに使う．ただし，2 項分布の変数は階段状の整数値しかとれないから，段々を曲線で近似するには補正が必要となる．

赤信号の数が i である確率の大きさを，棒の長さ a_i で表すと，赤信号が 25 以下である確率は

$$a_0 + a_1 + a_2 + \cdots + a_{25}$$

となる．しかし，0 から 25 の階段の面積を連続曲線で近似するには，次の図

第4節　2項分布の正規分布による近似

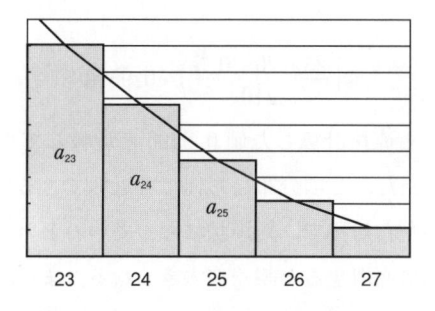

からわかるように，25 ではなく，25＋1/2 まで積分しなければならない．同じように，赤信号が 11 以上である確率を求めようとしたら，

$$a_{11}+a_{12}+a_{13}+\cdots+a_{40}$$

となるが，これを連続曲線で近似するには，11 ではなく，11－1/2 から積分しなければならない．したがって，2項分布を正規分布で近似する式は次のようになる．

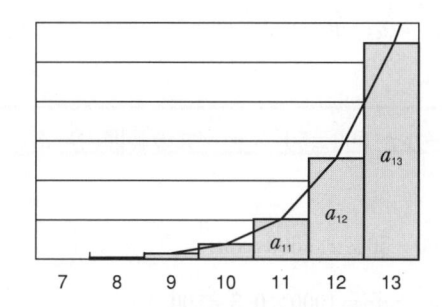

$$\sum_{x=a}^{b} {}_nC_x p^x q^{n-x} \cong \frac{1}{\sqrt{2\pi}} \int_{(a-np-1/2)/\sqrt{npq}}^{(b-np+1/2)/\sqrt{npq}} \exp(-y^2/2)\,dy$$

$$= \Phi\left(\frac{b-np+1/2}{\sqrt{npq}}\right) - \Phi\left(\frac{a-np-1/2}{\sqrt{npq}}\right)$$

$a=0$ で，np が十分大きければこの式は近似的に，

$$\Phi\left(\frac{b-np+1/2}{\sqrt{npq}}\right)$$

となる．この式に $b=25$, $a=0$, $p=0.5$, $n=40$, $np=20$, $npq=10$ を代入す

ると，

$$\Phi\left(\frac{25-20+0.5}{\sqrt{10}}\right)=0.9590$$

となる．2項分布から直接計算した値 0.9596 と比較しても小数点以下 3 桁までは一致している．ただ，2項分布なら何でも近似できるわけではない．あくまで確率分布の形が左右対称で，釣鐘状になっているという条件が必要だ．そうでないのに機械的に適用すると誤差が大きくなる．また，補正項 1/2 が必要なのは，n が小さい場合で，$n \geq 100$ ならばこの補正項は省略してもいい．

◆ ◆ ◆ 演習問題8 ◆ ◆ ◆

8-1 直線上に固定されているボールがあります．このボールは，1秒間に1ステップ，右か左に跳ねます．跳ねる確率を左右とも $p=q=0.50$ とするとき，1000秒後にボールが 500 ± 50 ステップの範囲内にある確率を求めなさい．

1000秒後に，ボールが 500 ± 50 ステップの範囲内にある確率は次の式で表されます．

$$P(500-50 \leq x \leq 500+50) = \sum_{x=450}^{550} {}_{1000}C_x\left(\frac{1}{2}\right)^{1000}$$

$$E(x) = np = 1000 \times 0.5 = 500$$

$$Var(x) = npq = 1000 \times 0.5 \times 0.5 = 250$$

BINOMDIST 関数を使って，この値を直接求めると 0.9986 となります．一方，正規分布による近似式は，

$$\Phi\left(\frac{550-500}{\sqrt{250}}\right) - \Phi\left(\frac{450-500}{\sqrt{250}}\right)$$

$$= \Phi\left(\frac{50}{\sqrt{250}}\right) - \Phi\left(\frac{-50}{\sqrt{250}}\right)$$

$$= \Phi(\sqrt{10}) - \Phi(-\sqrt{10}) = 0.9984$$

となります．比較すればわかりますが，かなりいい近似といえます．

この問題を2次元に拡張したものが，顕微鏡の視野の中で花粉が踊るブラウン現象です．花粉は四方八方から水の分子の衝突を受けて不規則な運動をしますが，周囲からの力は平均しているので，長い目で見れば，もとの位置を中心として動くことになります．

第5節　チェビシェフの不等式

博士：確率変数の，平均値からのズレの大きさは標準偏差 σ の何倍，という数字で表すことができる．だが，「いかなる確率変数であっても，平均値からのズレが σ の λ 倍以上ある確率は，$1/\lambda^2$ を超えることはできない」というのが「**チェビシェフの不等式**」の意味だ．式で表すと次のようになる．

$$P\left(\left|\frac{x-\mu}{\sigma}\right| > \lambda\right) \leq \frac{1}{\lambda^2}$$

さらに，$z = \frac{x-\mu}{\sigma}$ とおけば，

$$P(|z| > \lambda) \leq \frac{1}{\lambda^2}$$

となる．内容はわかりやすいが，なぜそうなるかの証明が必要かも知れない．

定義から，

$$\sigma^2 = \int_{-\infty}^{\infty} (x-\mu)^2 f(x)\,dx$$

なので，これを次の3つの区間に分割する．

$I_1 : [-\infty$ から $\mu - \lambda\sigma]$
$I_2 : [\mu - \lambda\sigma$ から $\mu + \lambda\sigma]$
$I_3 : [\mu + \lambda\sigma$ から $\infty]$

すると，

$$\sigma^2 = \int_{I_1} (x-\mu)^2 f(x)\,dx + \int_{I_2} (x-\mu)^2 f(x)\,dx + \int_{I_3} (x-\mu)^2 f(x)\,dx$$

右辺の積分はすべて正の値だから，

第2章　いろいろな確率分布

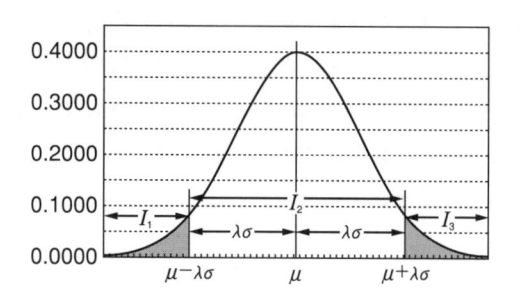

$$\sigma^2 \geqq \sigma^2 - \int_{I_2}(x-\mu)^2 f(x)\,dx \geqq \int_{I_1}(x-\mu)^2 f(x)\,dx + \int_{I_3}(x-\mu)^2 f(x)\,dx$$

となる．ここで，I_1 と I_2 は $\left|\dfrac{x-\mu}{\sigma}\right| \geqq \lambda$ を満足する領域だから，

$$(x-\mu)^2 \geqq \lambda^2 \sigma^2$$

となる．したがって，

$$\sigma^2 \geqq \lambda^2 \sigma^2 \left\{\int_{I_1} f(x)\,dx + \int_{I_3} f(x)\,dx\right\} = \lambda^2 \sigma^2 P\left(\left|\dfrac{x-\mu}{\sigma}\right| > \lambda\right)$$

つまり，

$$P\left(\left|\dfrac{x-\mu}{\sigma}\right| > \lambda\right) \leqq \dfrac{1}{\lambda^2}$$

が成り立つ．あるいは，

$$P\left(\left|\dfrac{x-\mu}{\sigma}\right| \leqq \lambda\right) \geqq 1 - \dfrac{1}{\lambda^2}$$

となる．ちび丸，この式を使って計算してごらん．ある確率変数の，平均値からのズレが 5σ 以上である確率はいくつ以上に大きくなれないか？

ちび丸：ハイ．$1/25 = 0.04$ 以上大きくなれません．

博士：では，同じ質問だが，正規分布ではどうなるかな？

ちび丸：正規分布の場合，ズレが $\pm 5\sigma$ 以内である確率は，

$$\boxed{\Phi(5) - \Phi(-5) = 2\,\Phi(5) - 1 = 0.999999427}$$

したがって，ズレが $\pm 5\sigma$ 以上である確率は，

第5節 チェビシェフの不等式

$$1-\{2\,\Phi(5)-1\}=2\{1-\Phi(5)\}=0.000000573$$

となります．

博士：ズレを 1, 2, 3, 4, 5, 6, 7σ としてこの値を計算してみなさい．

ちび丸：ハイ，次の表のようになります．

±ズレ	チェビシェフの下限式	正規分布確率の下限	概略値
1σ	0.0000	3.173105E−01	3／10
2σ	0.2500	4.550026E−02	5／100
3σ	0.1111	2.699796E−03	3／1,000
4σ	0.0625	6.334248E−05	6／100,000
5σ	0.0400	5.733033E−07	6／10,000,000
6σ	0.0278	1.973175E−09	2／1,000,000,000
7σ	0.0204	2.559730E−12	3／1,000,000,000,000

博士：チェビシェフの式と比べてどうかな．

ちび丸：チェビシェフの下限式はずいぶん大雑把ですね．

博士：そうだ．だが，これは確率分布の種類によらない，いかなる確率分布でも成り立つ，というメリットがある．

ミニクイズ

平均値からのズレが 4σ を超える確率は，いかなる確率分布でも ▢ を超えることはできない．

マメ知識：壺(Urn)からボールを取り出す問題

日本ではあまりなじみがありませんが，西洋では壺から異なる色のボールを取り出す問題は古くから占いに使われていました．Urn とは骨つぼのことです．目隠しをして取り出すボールの色は予測できない，ということで確率の問題にも引用されています．

中世には裁判で，被告が奇跡を起こすことができるかどうかを見るための道具でもあったようです．当時，超自然的な現象は神や悪魔が裏で操っている，という考え方がありました．被告に罪がなければ神が助けてくれるはず，というわけです．

日本では，袋の中からボールを取り出す問題に置きかえられています．また，商店街の祭りのときに使う八角形の福引きの道具もこれと似ています．着色された小さなボールが箱の中に入っていて，ハンドルを回すと1個ずつボールが出てくる道具のことです．紙に番号を書いて折りたたんだものを箱の中に入れておいて，1人1枚ずつ取り出すくじもこれに似ています．

◆◆◆ 演習問題9 ◆◆◆

9-1 サンプル数を十分に大きくとれば，サンプル平均 $\bar{x}$ は，限りなく μ に近づくことを証明してください．

確率変数の平均値と称しているのは，実際には限られたサンプルの平均値で

第5節　チェビシェフの不等式

す．しかし，数多くの平均値をとれば真の平均値 μ に近づくと誰もが信じています．でも，本当にそうだと言い切るには証明が必要です．そこで役に立つのがチェビシェフの下限式です．

まず，$\bar{x}$ と μ の差の絶対値が ε より大きい確率を，

$$P(|\bar{x}-\mu|>\varepsilon)$$

とおきます．チェビシェフの不等式で，

$$\lambda=\frac{\varepsilon}{\sigma/\sqrt{n}}$$

とおくと，

$$P(|\bar{x}-\mu|>\varepsilon)=P\left(\left|\frac{\bar{x}-\mu}{\sigma/\sqrt{n}}\right|>\frac{\varepsilon}{\sigma/\sqrt{n}}\right)\leq\frac{\sigma^2}{n\varepsilon^2}$$

となります．ε がいくら小さくても，不等式の右辺は $n\to\infty$ のときに0に近づく．左辺はこれよりつねに小さいから，同じく0に近づかなければいけません．つまり，

$$\lim_{n\to\infty}P(|\bar{x}-\mu|>\varepsilon)\leq\lim_{n\to\infty}\frac{\sigma^2}{n\varepsilon^2}=0$$

となります．式を言葉で説明すれば，n が大きくなると，$\bar{x}$ と μ の差がいくらでも小さくなるということです．これを，むずかしい言葉で $\bar{x}$ は μ の**不偏推定値**であるといいます．不偏推定値とは，推定値に偏りがない，という意味です．n が大きくなっても $\bar{x}$ と μ の差が0でない，あるいは，$\bar{x}$ が μ の**不偏推定値**でないなら，

$$\lim_{n\to\infty}\bar{x}\neq\mu$$

ですが，差が0になるのだから最終的には，

$$\lim_{n\to\infty}\bar{x}=\mu$$

となります．つまり，$\bar{x}$ は μ の**不偏推定値**となります．どのような確率分布でもサンプル数を十分に大きくすれば，平均値は限りなく母集団の真の平均値 μ に近づく，これがチェビシェフの不等式から証明できるのです．これは統計用語で**大数の法則**と呼ばれています．

第6節　幾何分布

博士：ちび丸，1回で成功する確率 p の試行を繰り返したとき，$x-1$ 回目まですべて失敗する確率はどのくらいかな？

ちび丸：$(1-p)^{x-1}=q^{x-1}$ です．

博士：では，ちょうど x 回目に初めて成功する確率は？

ちび丸：$\boxed{(1-p)^{x-1}p=q^{x-1}p\,(x=1,\ 2,\ 3,\ \cdots)}$ です．

博士：そうだ．$q^xp\,(x=0,\ 1,\ 2,\ \cdots)$ と書くこともある．これは幾何分布と呼ばれている確率分布だ．名前は幾何分布だが，超幾何分布の子分というより，2項分布に近い．

ちび丸：前にこれと似たような問題がありましたね．

博士：そうだったな．そのとき求めたのは，何回か試行して1回も成功しない確率や，少なくとも1回成功する確率だったが，この場合はちょうど x 回目に成功する確率だ．

ミニクイズ

ビギナーのバスケットボールプレイヤーが，1回シュートしたとき，バスケットかごに入る確率は 0.1 であるとします．5回シュートしたときに初めて成功する確率は，

$$f(x=5)=q^4p=(1-\boxed{})^4\times 0.1=\boxed{}$$

◆ ◆ ◆ 演習問題 10 ◆ ◆ ◆

10-1　ボールを的に当てるゲームで，1球目に命中したら 100 万円が賞金としてもらえます．2球目に初めて命中したら 20 万円，3球目に初めて命中すれば 1 万円がもらえます．命中率を p とするとき，ゲームの期待値を求めなさい．また，このゲームを行うのに 10 万円の参加料が必要な

第6節 幾何分布

らば，命中率がいくら以上で挑戦の価値があるでしょうか？

1球目，2球目，3球目に命中する確率はそれぞれ p, qp, q^2p です（ただし，$q=1-p$）．したがって，求めるゲームの期待値は，

$$1000000p + 200000qp + 10000q^2p$$

となります．この式を p の値を横軸にしてグラフにすると次のようになります．

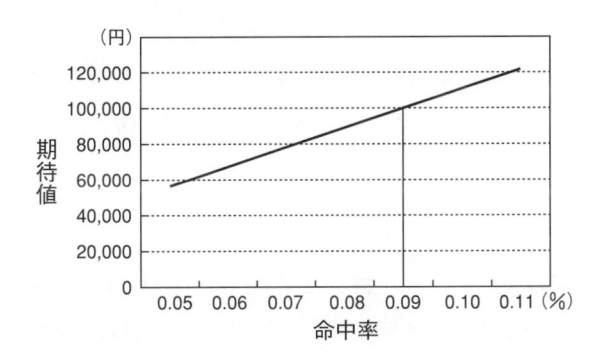

グラフから，期待値が10万円となる点を求めると，およそ 0.09 となります．命中率がこれ以上ならば，期待値はプラスであるということになります．

10-2 2人でサイコロを投げ，先に6の目が出たほうが勝ち，というゲームがあります．先に投げた人Aと，あとから投げた人Bがそれぞれ勝つ確率を求めなさい．

この問題は，最初に6の目を出したほうが勝ちです．最初にAに6の目が出なくても，次にBにも6の目が出なくて，3回目にAが投げて6が出れば勝ちです．このようにして，2人の一方に6の目が出るまでゲームを続けます．

当然，最初に投げるAのほうが有利です．しかし，Aが6の目を出さなければ立場が逆転してBのほうが有利になります．では，6の目が出る確率を p として計算してみましょう．

Aが勝つ確率を P_A とすると，P_A は，1回目に勝つ確率＋2回目までは両

方とも 6 の目が出ずに 3 回目に勝つ確率＋ 4 回目までは両方とも 6 の目が出ずに 5 回目に勝つ確率＋…となりますから，$q=1-p$ とすると，

$$P_A = p + q \times q \times p + q^2 \times q^2 \times p + \cdots = p(1+q^2+q^4+\cdots)$$

です．ところで，$q^2<1$ のとき，

$$1+q^2+q^4+\cdots = \frac{1}{1-q^2}$$

です．

なぜなら，式の右辺に $1-q_2$ をかけて整理すれば，

$$(1-q^2+q^4+\cdots) \times (1-q^2) = (1+q^2+q^4+\cdots) - (q^2+q^4+\cdots) = 1$$

となるからです．したがって，P_A は，

$$P_A = p(1+q^2+q^4+\cdots) = \frac{p}{1-q^2} = \frac{p}{(1-q)(1+q)} = \frac{p}{p(1+q)} = \frac{1}{1+q}$$

となります．同じように，B が勝つ確率 P_B は，1 回目に A が失敗して 2 回目に B が勝つ確率＋ 3 回目までは両方が失敗して 4 回目に B が勝つ確率＋…なので，

$$P_B = q \times p + q^3 \times p + q^5 \times p + \cdots = pq(1+q+q^2+q^4+\cdots) = \frac{pq}{1-q^2} = \frac{q}{1+q}$$

となります．$p=1/6$, $q=5/6$ を代入すると，P_A, P_B はそれぞれ，

$$P_A = 6/11$$
$$P_B = 5/11$$

となります．

最終的には，A と B のどちらかが勝つので，$P_A+P_B=1$ になります．また，最初に A が失敗したら A の立場は B と同じになるので，$q \times P_A = P_B$ となります．以上から，

$$P_B = 1 - P_A = q \times P_A$$
$$P_A = \frac{1}{1+q} = \frac{6}{11}$$
$$P_B = q \times P_A = \frac{q}{1+q} = \frac{5}{11}$$

が求まるではありませんか．このように，もっと簡単な解き方がないか，読者のみなさんにはいつも心がけてほしいと思います．

10-3 幾何分布の平均値と分散を求めなさい．

定義式から計算します．

$$P(X=x)=(1-p)^{x-1}p=q^{x-1}p \quad (x=1, 2, 3, \cdots)$$

$$E(x)=\mu=\sum_{x=1}^{\infty}xq^{x-1}p$$

$$Var(x)=\sigma^2=\sum_{x=1}^{\infty}(x-\mu)^2q^{x-1}p=\sum_{x=1}^{\infty}x^2q^{x-1}p-\mu^2$$

ここで，

$$\sum_{x=1}^{\infty}xq^{x-1}=\frac{d}{dq}\sum_{x=0}^{\infty}q^x=\frac{d}{dq}\left(\frac{1}{1-q}\right)=\frac{1}{(1-q)^2}=\frac{1}{p^2}$$

$$\sum_{x=2}^{\infty}x(x-1)q^{x-2}=\frac{d^2}{dq^2}\sum_{x=0}^{\infty}q^x=\frac{2}{(1-q)^3}=\frac{2}{p^3}$$

であることを利用すると，

$$E(x)=\frac{1}{p}$$

$$Var(x)=\frac{q}{p^2}$$

となります．上の式から，成功率 p の試行を行ったとき，初めて成功するまでの平均試行数は $1/p$ となります．たとえば，成功率 0.1 なら，初めて成功するのに平均 10 回の試行が必要ということです．

10-4 20曲のデジタル音楽を，ランダムに繰り返すアルゴリズムがあります．ランダムなので，同じ曲を何回も繰り返すこともあります．すべての曲を聴き終わるまでに要する平均試行数を求めなさい．

最初はどの曲を聴いてもいいから，試行数は1回で済む．2回目に新しい曲を聴ける確率は 19/20 だから，平均試行数は 20/19 となる．同じく3曲目を聴

くまでの平均試行数は 20/18 となります．このようにして計算すると，20 曲全部を聴き終わるまでに必要な平均試行数は，

$$\frac{20}{20}+\frac{20}{19}+\cdots+\frac{20}{1}=20\left(1+\frac{1}{2}+\frac{1}{3}+\cdots+\frac{1}{20}\right)=71.95\,(個)$$

となります．つまり，平均的には約 72 回繰り返し聴く必要があるということです．

第7節　ポアソン分布

博士：**ポアソン分布**は，「それが起こる頻度は，個々には非常に低いものの，巡りあうチャンスが多いので，全体としては，しばしば起こるような偶発現象」に対して適用される確率分布だ．

　たとえば，ある地域，ある期間中における交通事故の頻度，火災発生件数，会社内における1月1日生まれの人数などがこの例だ．

　ポアソン分布は，2項分布とかかわりがある．2項分布で p を非常に小さく，n を非常に大きくした場合の極限の形なのだ．

　たとえば，確率 p が 1/10000 の試行を 20000 回繰り返した場合，成功数が x である確率はどれだけか，という問題を2項分布で表すと次のようになる．

$$P(X=x)={}_{20000}C_x\times\left(\frac{1}{10000}\right)^x\times\left(1-\frac{1}{10000}\right)^{20000-x}$$

　この式を解くには，20000 の階乗を計算しなければならないから大変だ．

ちび丸：でも Excel の階乗関数 FACT を使えば計算できるのではありませんか？

博士：ではやってみなさい．

ちび丸：エーと，FACT(20000) は，……アレ，エラーになりました．

博士：Excel は 10 の 306 乗以上の数は計算できないのだ．つまり，FACT 関数で計算できるのはせいぜい 170 までだな．つまり，これ以上になったら別のやり方を考えたほうがよさそうだな．そこで，次の近似式が成り立つことを利

第7節　ポアソン分布

用しよう．p が非常に小さく，n が x に対して非常に大きく，np が適当な大きさならば $n \to \infty$ の極限では，

$$_nC_x p^x (1-p)^{n-x} = \frac{n!}{x! \times (n-x)!} p^x \times (1-p)^{n-x}$$

$$\cong \frac{(1-p)^n}{x!} \times (np)^x \times \left(1-\frac{1}{n}\right) \times \left(1-\frac{2}{n}\right) \times \cdots \times \left(1-\frac{x-1}{n}\right)$$

$$= \frac{(1-p)^{\lambda/p} \times \lambda^x}{x!} \cong \frac{e^{-\lambda} \times \lambda^x}{x!}$$

となる．これがポアソン分布の確率密度関数だ．

ちび丸：博士，$\cong$ の記号は何ですか？

博士：これは「ほぼ等しい」という意味の演算記号だ．上の式では「記号の左側の値は，n が限りなく大きくなったら右側の値に等しくなる」という意味になる．

ちび丸：でも，$(1-p)^{\lambda/p}$ がなぜ $e^{-\lambda}$ になるのですか．

博士：前に，

$$\lim_{p \to 0} (1-p)^{1/p} = e^{-1}$$

という式を見ただろう．これと同じで，

$$\lim_{p \to 0} (1-p)^{\lambda/p} = e^{-\lambda}$$

となるのだ．

ちび丸：2項分布の式には変数 x 以外に n と p があるのに，ポアソン分布の式には変数が λ の1個しかありませんね．

博士：変数 x の係数となっている定数をパラメータというが，ポアソン分布では $np = \lambda$ としているので，パラメータは1個しかない．では，この式を使って次の例題を解いてみなさい．

例題　「ある本には，30ページあたり平均1個の誤植がある」といいます．では，その本を1ページから30ページ，31ページから60ページ……というようにいくつかに区切り，それぞれの中にある誤植数を数えて表を作

ったとき,ひと区切の中に誤植が2個以上ある確率はどのくらいですか.

ちび丸:この場合,ポアソン分布の式の中のλの値はいくつですか？

博士:λは平均値だ.30ページあたりの誤植数が平均1個だから,$\lambda=1$としてxを計算すればいい.

ちび丸:では,誤植数が0個,1個の場合の確率はそれぞれ,

$$\frac{e^{-1}\times 1^0}{0!}=e^{-1}=0.3679$$

$$\frac{e^{-1}\times 1^1}{1!}=e^{-1}=0.3679$$

になります.2個以上の誤植がある確率は1からこの確率を引いて,$1-2\times 0.3679=0.2642$ です.

博士:どうだ,簡単だろう.

ちび丸:博士,30ページではなくて,たとえば50ページを基準にした場合には,λの値が変わってきませんか.

博士:もちろん変わる.誤植が30ページあたり平均1個ならが,50ページでは平均1.6667となる.つまり,$\lambda=1.6667$ となるから,50ページあたりの誤植数が0個,1個の確率は次のようになる.

$$\frac{e^{-1.6667}\times 1.6667^0}{0!}=0.1889$$

$$\frac{e^{-1.6667}\times 1.6667^1}{1!}=0.3148$$

しかし,30ページの場合と矛盾するわけではない.便宜上30ページにしただけで,50ページでもいっこうにかまわない.

ちび丸:なるほど.でも,実際に誤植数がこの確率分布に従うかどうか,いまひとつピンときませんね.

博士:そう思うのも無理はない.では実際のデータで確かめてみることにしよう.次に示すのは,2003年12月3日から2004年7月12日までの225日間における日本の有感地震の1日あたりの発生回数だ.

第7節　ポアソン分布

有感地震の1日あたりの発生回数（回）	0	1	2	3	4	5
日数（日）	162	44	16	2	1	0

　もし，地震がランダムに偶発的に発生するなら，この発生回数はポアソン分布に従うはずだ．ポアソン分布との一致度を調べることは，事象がランダムに起こるかどうかということを調べることでもある．ランダムでなく，たとえば3日ごとに規則的に起こるようならばポアソン分布には従わない．

　一致度を見るのはむずかしくない．225日間に63回の有感地震があったのだから1日あたり平均0.28回起こっていることになる．そこで，ポアソン分布に $\lambda = 0.28$ を代入して計算すると，

$$P(0) = \frac{e^{-0.28} \times 0.28^0}{0!} = 0.7558$$

$$P(1) = \frac{e^{-0.28} \times 0.28^1}{1!} = 0.2116$$

$$P(2) = \frac{e^{-0.28} \times 0.28^2}{2!} = 0.0296$$

$$P(3) = \frac{e^{-0.28} \times 0.28^3}{3!} = 0.0028$$

となる．これに225日をかけた日数の計算値と，もとのデータを比較すると，次のようになる．

1日あたりの発生回数	計算値	もとのデータ
0	170	162
1	48	44
2	7	16
3	1	2
4	0	1
5	0	0

第2章　いろいろな確率分布

これを見れば，ポアソン分布とかなりよく一致していることがわかる．ただし，1日に2回以上地震が起こる頻度はもとのデータのほうが多い．つまり，地震の発生はほぼランダムに起こるが，いったん起こると同じ時期に続けて発生することを表している．もっと正確に一致度を調べるにはカイ2乗分布を使うのだが，それは別の機会に譲ることにしよう．

ちび丸：でも博士，ポアソン分布で変数の値が大きくなると計算が大変ですね．
博士：ポアソン分布の値をExcelで求めるにはPOISSON関数を使う．これを開くと次のようなウィンドウが現れるので，ボックスに値を入力すればよい．

式が $P(X=x) = \dfrac{e^{-\lambda} \times \lambda^x}{x!}$ で，「イベント数」が x，平均が λ になる．関数形式は0が確率密度関数，1が累積分布関数だ．たとえば，$x=1, \lambda=1$ なら，

$$P(X=1) = \frac{e^{-1} \times 1^1}{1!} = e^{-1} = 0.3679$$

となる．

◆ ◆ ◆ 演習問題11 ◆ ◆ ◆

11-1 テレビはブラウン管から薄型パネルへと移行しつつあります．しか

第7節 ポアソン分布

し,薄型パネルは現時点では高価です.その理由は,大型パネルの製造がむずかしく,歩留り(合格品の割合)が悪いことにあります.

歩留りが悪い理由のひとつは,微細加工工程で,素子に欠陥ができてしまうからです.1個の素子に欠陥が生じる確率は小さくても,パネルの素子が多いと,全体ではいくつかの欠陥ができて穴が空いたようになってしまうのです.

そこで,欠陥素子が1個でもあったら,その製品を不合格とするポリシーのもとで次の問題を考えます.

ある液晶パネルの製造ラインでは,過去の実績から,素子欠陥率は 0.2×10^{-6}(100万個あたり0.2個)であるといいます.この製造ラインで,

(1) 1000×1000 素子のパネル

(2) 2000 素子 $\times 3000$ 素子のパネル

を製造したら歩留りはそれぞれ何パーセントになりますか.

(1)のパネル全体の平均欠陥数は,

$$\lambda = 1000 \times 1000 \times 0.2 \times 10^{-6} = 0.2$$

パネルに素子欠陥が0(合格品)である確率は,

$$P(x=0) = \frac{e^{-\lambda} \times \lambda^0}{0!} = e^{-0.2} = 0.8187$$

したがって,歩留りは約82%となります.

また,(2)のパネル全体の平均欠陥数は,

$$\lambda = 2000 \times 3000 \times 0.2 \times 10^{-6} = 1.2$$

となります.したがって,パネルに素子欠陥が0(合格品)である確率は,

$$P(x=0) = \frac{e^{-\lambda} \times \lambda^0}{0!} = e^{-1.2} = 0.3012$$

となります.歩留りは約30%です.量産の初めの段階ならともかく,これでは歩留りが悪過ぎますね.

11-2 下2桁の番号が合っていれば5等である宝くじを，くじマニアが300枚買いました．その結果，買ったくじの中に5等が10枚入っていました．この人は運がいいといえるでしょうか．

まず，この問題をポアソン分布で解いてみましょう．

5等は下2桁の数字が合えば当たりですから，当たる確率は100枚あたり平均2枚です．300枚買えば，5等は平均6枚当たります．それが10枚当たりました．10枚以上当たる確率は，Excel の POISSON 関数で計算すると，

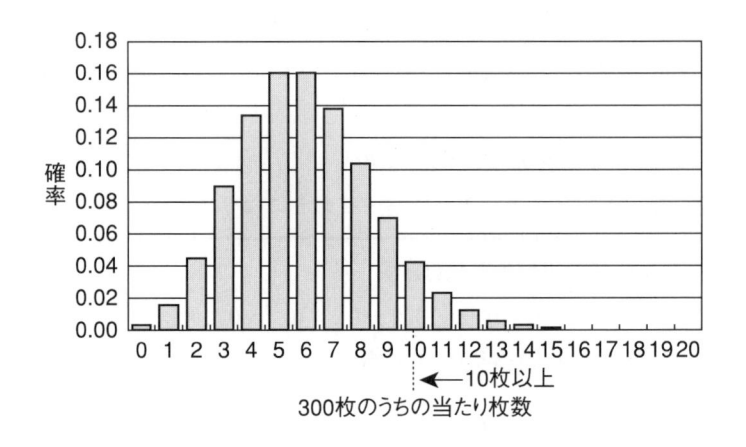

←10枚以上
300枚のうちの当たり枚数

$$P(x \geq 10) = 1 - P(x \leq 9) = 0.0839$$

となります．では，2項分布ではどうでしょう．

成功率0.02の試行を300回行って，その結果10回成功したことになります．そのような確率は，

$$P(x \geq 10) = 1 - P(x \leq 9) = 1 - \sum_{x=1}^{9} {}_{300}C_x \times 0.02^x \times 0.98^{300-x}$$

となり，BINOMDIST 関数で計算すると 0.0818 となります．これを見ると，「やや運がいい」程度です．

> **11-3** ポアソン分布の平均値と分散を求めなさい．

平均は次のとおりです．

$$f(x) = \frac{e^{-\lambda} \times \lambda^x}{x!}$$

$$E(x) = \sum_{x=0}^{\infty} x \frac{e^{-\lambda} \times \lambda^x}{x!} = \sum_{x=1}^{\infty} x \frac{e^{-\lambda} \times \lambda^x}{x!} = \lambda e^{-\lambda} \sum_{(x-1)=0}^{\infty} \frac{\lambda^{(x-1)}}{(x-1)!}$$
$$= \lambda e^{-\lambda} \times e^{\lambda} = \lambda$$

また，分散は，

$$Var(x) = \sum_{x=0}^{\infty} (x - E(x))^2 \frac{e^{-\lambda} \times \lambda^x}{x!} = \lambda - \lambda^2 + \sum_{x=0}^{\infty} x(x-1) \frac{e^{-\lambda} \times \lambda^x}{x!}$$
$$= \lambda - \lambda^2 + \lambda^2 e^{-\lambda} \sum_{(x-2)=0}^{\infty} \frac{\lambda^{(x-2)}}{(x-2)!} = \lambda - \lambda^2 + \lambda^2 e^{-\lambda} e^{\lambda} = \lambda$$

となる．つまり，平均値も分散も同じ λ なのです．

第8節　パスカル分布（負の2項分布）

博士：1回の成功率が p の試行を n 回行って，そのうち x 回成功する確率はどのような分布に従うのだったかな，ちび丸．

ちび丸：ハイ，2項分布です．

博士：では，1回の成功率が p の試行を $n+m$ 回行ったとき，n 回成功，m 回失敗する確率はどのような式で表されるかな？

ちび丸：次のようになります．

$$_{n+m}C_n \times p^n \times (1-p)^m = {}_{n+m}C_n \times p^n \times q^m$$

博士：それでは，ちょうど $n+y$ 回目に n 回目の成功が起こる確率はどうかな．つまり，$n+y-1$ 回目までは $n-1$ 回しか成功していなくて，その次の試行が成功する確率だ．2項分布と似ているが，ちょっと違うぞ．

ちび丸：$n+y$ 回目の試行が成功という条件ですね．それまではとにかく成功が $n-1$ 回，失敗が y 回という結果であればいいわけですから，

第2章　いろいろな確率分布

$$\begin{array}{l}{}_{y+n-1}C_{n-1}\times p^{n-1}\times(1-p)^y\times p\\ ={}_{y+n-1}C_{n-1}\times p^n\times(1-p)^y={}_{y+n-1}C_{n-1}\times p^n\times q^y\end{array}$$

となります．

博士：よくできた．これは**パスカル分布**，あるいは**負の2項分布**とも呼ばれている．とくに，$n=1$ のとき(それまではすべて失敗で初めて成功する場合)には $p\times q^y$ となる．これは**幾何分布**そのものだ．

ちび丸：博士，なぜ負の2項分布と呼ぶのですか？

博士：それは，

$$_{y+n-1}C_{n-1}={}_{y+n-1}C_y\times p^n\times q^y={}_{-n}C_y\times p^n\times(-q)^y$$

と書けるからだよ．つまり，

$$_{y+n-1}C_y=\frac{(y+n-1)(y+n-2)\cdots n}{y!}$$

となる．だが，これは次のようにも書ける．

$$\frac{(y+n-1)(y+n-2)\cdots n}{y!}=\frac{(-1)^y(-n)(-n-1)\cdots(-n-y+1)}{y!(-n-y)!}$$

$$=\frac{(-1)^y(-n)!}{y!(-n-y)!}=(-1)^y{}_{-n}C_y$$

形は負の2項分布だが，マイナスの数をかけ合わせるのは面倒だから実際に計算するときには最初の式のほうが使いやすいだろう．

　ところで，ちび丸，もうひとつ質問しよう．1回の成功率が p の試行を行ったときに，n 回成功するための試行数がちょうど x 回である確率はどのくらいかな？

ちび丸：上の問題と似ていますね．エーと，$x-1$ 回で $n-1$ 回成功して，次の x 回目に n 回目の成功すればいいのですから，

$$_{x-1}C_{n-1}p^{n-1}\times(1-p)^{x-n}\times p={}_{x-1}C_{n-1}p^n(1-p)^{x-n}$$

となるのではありませんか？

博士：そうだ．実は，似ているというより，同じ式なのだ．なぜなら，失敗する回数は $y=x-n$ だから上の式に代入すると，

第8節 パスカル分布(負の2項分布)

$$_{x-1}C_{n-1} \times p^n \times (1-p)^{x-n} = {}_{y+n-1}C_y \times p^n \times (1-p)^y$$

となるからだ．この式のほうが問題を解くのに都合がいいこともある．

◆ ◆ ◆ 演習問題 12 ◆ ◆ ◆

12-1 100円持っている子どもが，1回の掛け金が10円で，勝てば怪獣のカードがもらえるゲームをしています．1回のゲームで勝つ確率を0.5とします．ちょうど最後の10円を使い切ったときに怪獣のカードが5枚たまっている確率を求めなさい．

パスカル分布の式で，$y=5$, $n=5$ とおきます．すなわち，

$$_{5+5-1}C_5 \times 0.5^5 \times 0.5^5 = {}_9C_5 \times 0.5^{10} = 0.1230$$

となります．

パスカル分布を計算するには，Excel の NEGBINOMDIST という関数を使います．これを開くと，次のようなウィンドウが現れます．いまの問題では，失敗数＝5，成功数＝5，成功率＝0.5 を代入すれば答えが得られます．

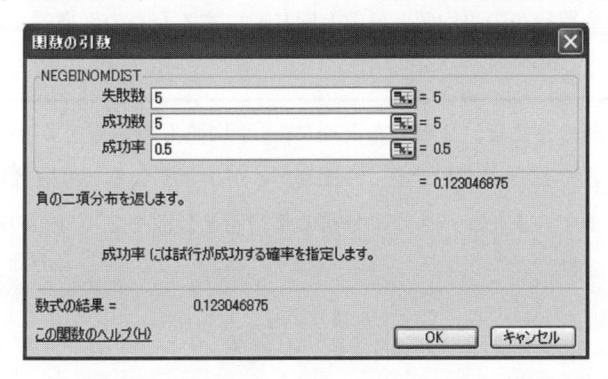

12-2 ボールを標的に当てるゲームで，ボールの命中率を p とするとき，ボール10個以内で5つの標的に命中させる確率はどのくらいですか．ま

た，$p=0.5$ のとき，この値はいくつになりますか．

問題 12-1 と似ていますが，「ボール 10 個以内で」というところが違います．
$P(n, x) = P(n$ 個の標的に命中させるのに x 個のボールが必要$)$ とすると，求める確率は，

$P(5, 10) = P($ 5 個の標的に命中させるのに 10 個のボールが必要$)$

$$\sum_{i=5}^{10} P(5, i) = \sum_{i=5}^{10} {}_{i-1}C_4 \times p^5 \times (1-p)^{i-5}$$
$$= p^5(1+5q+15q^2+35q^3+70q^4+126q^5)x$$

となります．$p=0.5$ のとき，この値は 0.6230 となります．

12-3 パスカル分布の平均値と分散は次のとおりです．

$$E(x) = \frac{nq}{p}$$

$$Var(x) = \frac{nq}{p^2}$$

2 項分布の平均値と分散（np, npq）と最も違う点は何ですか．また，この式を 2 項分布の平均値と分散と同じ形にするための変換式を求めなさい．

最初の質問の答えは，2 項分布と逆に，「平均値も分散も p が小さくなるほど大きくなる」ということです．つまり，p が小さくなると分散はいくらでも大きくなります．また，パスカル分布の平均値と分散を 2 項分布のそれと同じ形にするときは，

$$P = \frac{q}{p}, \quad Q = \frac{1}{p}$$

とおきます．すると，

$$E(x) = nP$$
$$Var(x) = nPQ$$

となって同じ形になります．ただし，この場合 $P+Q=1$ とはならず，$Q-P$

$$=\frac{1-(1-p)}{p}=1$$ となります.

第 9 節　一 様 分 布

博士：一様分布は，実現値が起こる確率が，ある範囲内ですべて同じ値の確率分布だ．この分布はいままでもすでに何回も見てきている．たとえば，サイコロを振った場合に出る目の分布はどれも 1/6 ずつの**一様分布**だ．

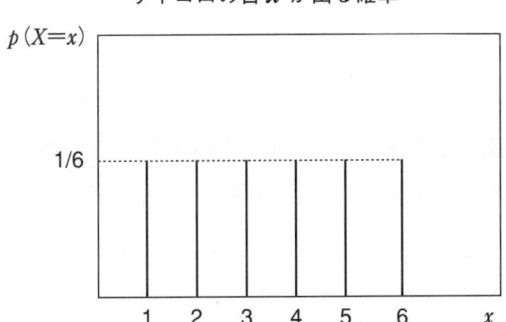

サイコロの目 X が出る確率

また，トランプ・カードを1枚抜き取るときに出る数字は，A から K まですべて同じように出やすいから，それぞれの値は 1/13 の一様分布に従う．

これらはとびとびの数値しかとれないので**離散型一様分布**だが，**連続型一様分布**も同じように定義できる．

◆ ◆ ◆ 演習問題 13 ◆ ◆ ◆

13-1 1分間隔で赤と青が切り替わる信号機があります．たまたま切り替わったばかりに到着した車は，次の青信号まで1分間待たなければなりません．信号機に到達するタイミングがランダムなら，待ち時間は0秒から

60秒間までの間で等しく起こり得ると考えられます．では，待ち時間が20秒以上である確率を求めなさい．

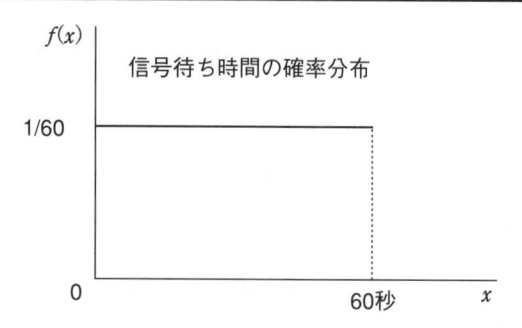

信号待ち時間の確率分布（グラフ：$f(x)=1/60$，$0 \le x \le 60$秒）

上のグラフから，待ち時間が20秒以上である確率を求めることができます．X を待ち時間として式で表すと，求める確率は $P(20 \leq X)$ です．これは次の図の灰色部分の面積と全体の面積の比ですから $(60-20)/60 = 40/60 = 2/3$ となります．確率密度関数 $f(x)$ や累積分布関数 $F(x)$ を使うと，求める確率は，

$$P(20 \leq X) = 1 - F(x) = 1 - \int_0^{20} f(x)\,dx = 1 - \int_0^{20} \frac{1}{60}\,dx = 1 - \frac{20}{60} = \frac{2}{3}$$

となります．

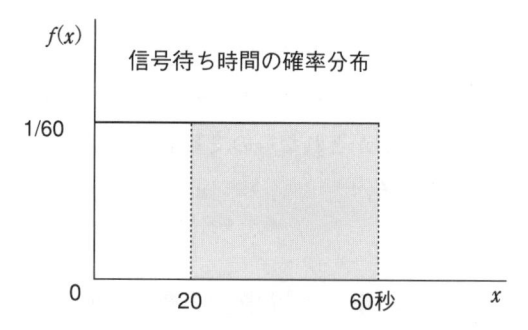

信号待ち時間の確率分布（グラフ：20秒から60秒までが灰色）

13-2 一様分布の平均値と分散を求めなさい．

離散型の一様分布では，

第9節 一様分布

$$f(x_i) = \frac{1}{n} \quad (i=1, 2, 3, \cdots, n)$$

$$E(x) = \sum_{i=1}^{n} \frac{i}{n} = \frac{1}{n} \times \frac{n \times (n+1)}{2} = \frac{n+1}{2} = \mu$$

$$V(x) = \sum_{i=1}^{n} \frac{(i-\mu)^2}{n} = \frac{1}{n} \times \sum_{i=1}^{n} (i^2 - 2i\mu + \mu^2)$$

$$= \frac{1}{n}\left(\sum_{i=1}^{n} i^2 - 2\mu \sum_{i=1}^{n} i + n\mu^2\right) = \frac{1}{n}\left\{\frac{n(n+1)(2n+1)}{6} - n\mu^2\right\}$$

$$= \frac{(n+1)(2n+1)}{6} - \frac{(n+1)^2}{4} = \frac{(n+1)}{12}\{4n+2-3n-3\} = \frac{n^2-1}{12}$$

となります．

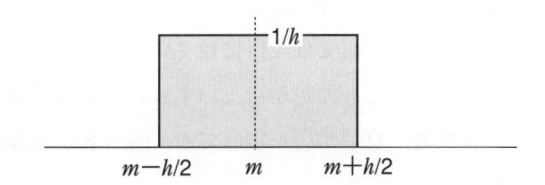

連続型の場合には上図のように，幅 h，平均値 m の一様分布を考えます．

$$E(x) = \frac{1}{h}\int_{m-h/2}^{m+h/2} x\,dx = \frac{1}{h}\left|\frac{x^2}{2}\right|_{m-h/2}^{m+h/2} = \frac{1}{2h}(2mh) = m$$

$$Var(x) = \frac{1}{h}\int_{m-h/2}^{m+h/2}(x-m)^2\,dx = \frac{1}{h}\int_{-h/2}^{h/2} y^2\,dy = \frac{1}{h}\left|\frac{y^3}{3}\right|_{-h/2}^{h/2}$$

$$= \frac{h^2}{24} + \frac{h^2}{24} = \frac{h^2}{12}$$

つまり，

$$E(x) = m$$
$$Var(x) = \frac{h^2}{12}$$

となります．

第2章　いろいろな確率分布

第10節　指 数 分 布

博士：私の友人が経営している骨董屋「珍宝堂」には客が非常に少ない．朝9時から夜7時までの間に，平均すると8人くらいしか客が来ない．もっとも，友人はまったく気にしていない．もともと趣味でやっている店だからな．

　ところで，親父のかわりにときどき息子が店の番をすることがある．しかし，息子は客が少ないのをいいことに，ちょいちょい外出をする．最初の頃は，客が来ない時間帯を探していたのだが，来る時間帯は決まっていない．朝早くのこともあるし，店を閉める間際のこともある．

　そこで息子は，適当にサボって外出していた．長いときには1時間くらい店を空けることもあったという．親父は大目に見ていたが，息子はばれないのをいいことに，次第に大胆になるものだから，いずれは顧客に愛想を尽かされることになる．さて，ちび丸，息子が店を空けても，誰も客が来ない確率を時間 t の関数で求めなさい．

ちび丸：開店時間10時間のうち，t 時間店を空けるとします．バラバラに来る8人の客のうち，誰も t 時間以内に来ないのですから，求める確率は，

$$\boxed{P\{(1-\text{ある客が } t \text{ 時間以内に店にやってくる})^8\} = \left(1 - \frac{t}{10}\right)^8}$$

です．1時間では，

$$\boxed{\left(1 - \frac{1}{10}\right)^8 = 0.4305}$$

となります．

博士：変わった答えだな．その答えだと10時間経過すれば8人全員が必ず来ることになる．しかし，ここでの状況は，10時間のうちに平均して8人来客があるということであって，それ以上のこともあるし，以下のこともある．10時間で8人全員が必ず来るわけではない．

　その点を考慮しなければならない．1時間に来る来客数は平均0.8人だから，

第10節 指数分布

$\lambda=0.8$ とすると，ある時間 t に客がいないで，次の Δt 内に客が来る確率は $\lambda \Delta t$ だ．**Δ は，値がわずかにずれた場合，もとの値からのズレの大きさを示す記号**だ．反対に，Δt 経過しても客が来ない確率は $1-\lambda\Delta t$ だ．したがって，次の t 時間内に客が来ない確率は，

$$(1-\lambda\Delta t)^{t/\Delta t}$$

となる．客が来ない確率 $1-\lambda\Delta t$ が $(t/\Delta t)$ 回繰り返される，というところが君と違う．ここで Δt を 0 に近づけると，

$$\lim_{\Delta t \to 0} (1-\lambda\Delta t)^{t/\Delta t} = e^{-\lambda t}$$

1 時間では $t=1$ とおき，求める答えは，

$$e^{-0.8}=0.4494$$

となる．これが**指数分布**と呼ばれる確率分布だ．

ちび丸：私の答えとほとんど同じですね．

博士：そのようだ．だが，問題が別だから答えがいつも同じとは限らない．さて，**指数分布の累積分布関数**は，

$$P(\text{次の } t \text{ 時間内に客が来る})=F(t'\leq t)=F(t)=1-e^{-\lambda t}$$

となる．グラフでは次のようになる．時間が経過すればするほど，その間に客が来る確率は 1 に近づくことがわかるだろう．また，**確率密度関数は，**

$$f(t)=\frac{dF(t)}{dt}=\lambda e^{-\lambda t}$$

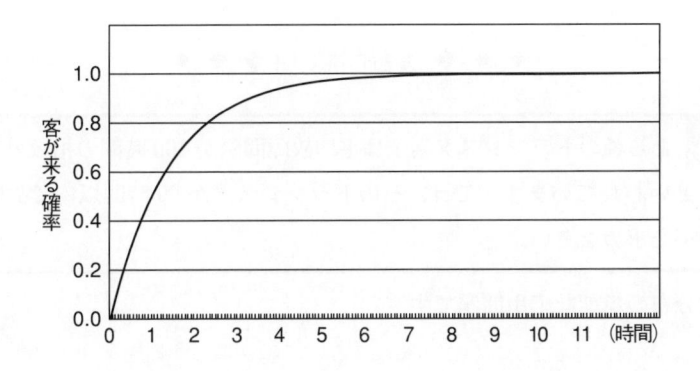

第2章 いろいろな確率分布

となる．ところで，ちび丸，システムの**故障率**という言葉を知っているかな？
ちび丸：故障率は確率密度関数とは違うのですか？
博士：確率密度関数は，累積分布関数の微分だが，いわゆる故障率とは違う．故障率も，システムが短い時間 Δt で故障する確率だが，その時間 t においては正常に機能していなければならない．つまり，

$$r(t)\Delta t = \frac{時間\,(t,\,t+\Delta t)\,内に故障する確率}{時間\,t\,においてシステムが機能している確率}$$

$$= \frac{f(t)\Delta t}{1-F(t)}$$

$$r(t) = \frac{f(t)}{1-F(t)}$$

となる．指数分布では，

$$r(t) = \frac{\lambda e^{-\lambda t}}{e^{-\lambda t}} = \lambda$$

で一定値になる．つまり，**指数分布**は，時間の経過にかかわらず，故障率がつねに一定であるような**確率分布**のことなのだ．平均値と分散はそれぞれ

$$E(t) = \int_{-\infty}^{\infty} t \times \lambda e^{-\lambda t} dt = \frac{1}{\lambda}$$

$$Var(t) = \int_{-\infty}^{\infty} t^2 \times \lambda e^{-\lambda t} dt - \frac{1}{\lambda^2} = \frac{2}{\lambda^2} - \frac{1}{\lambda^2} = \frac{1}{\lambda^2}$$

となる．

◆ ◆ ◆ 演習問題 14 ◆ ◆ ◆

14-1 ある種のトランジスタ素子は平均故障間隔が 100 時間の指数分布に従うといわれています．では，そのトランジスタが 50 時間以内で故障する確率を求めなさい．

指数分布の単純な応用問題です．

第10節　指 数 分 布

$P($故障するまでに使用できる時間$\leqq 50)$
$=F(t)=1-e^{-\lambda t}$
$=1-e^{-50/100}=1-e^{-0.5}=0.3935$

14-2 ある土産物屋での一番の売れ筋は熊の置物で，平均して1日に1個売れます．日や曜日によって売れ行きに差がないと仮定したとき，3日間まったく売れない確率はどのくらいですか．

$P($3日間ひとつも売れない$)=1-F(t)=e^{-\lambda t}=e^{-1\times 3}=e^{-3}=0.0498$
が答えとなります．ポアソン分布を使っても解くことができます．つまり，3日間で x 個売れる確率は，

$$\frac{e^{-\lambda t}(\lambda t)^x}{x!}$$

となりますが，ここで $\lambda=1, x=0, t=3$ とおけば同じ答えになります．

14-3 突然変異を起こさせるために，細胞に微弱な γ 線を放射する実験を行っています．ある細胞に γ 線粒子が衝突する頻度を計算したところ，ほぼ1分間に4個の割合であることが観測されました．前の γ 線が衝突してから次の γ 線が衝突するまでの時間を t とすると t は指数分布に従います．
　(1)　30秒間経過しても1個も衝突しない確率を求めよ．
　(2)　1分経過しても1個も衝突しない確率を求めよ．

1分間に4個の割で衝突しますから，30秒間では2個衝突する計算となります．したがって，1個も衝突しない確率は，

(1)　$P(t>30)=e^{-4\times 0.5}=0.1353$
(2)　$P(t>60)=e^{-4\times 1}=0.0183$

第 2 章 いろいろな確率分布

第 11 節 平均故障間隔

博士：機械は，新しいうちはあまり故障しないが，長い間使っていると次第に具合が悪くなり，故障率も増加する．だから機械の故障は指数分布ではない．しかし，多くの部品から構成されており，部品が故障したらその都度交換するような複雑なシステムでは，故障率を一定と見なせることもある．たとえば，旅客機のような複雑なシステムでは，絶えず部品を取り替えているから，**全体としては各機能部品の故障率は一定として計算できる**．

　では，ちび丸，全体として 100 時間に 2 回故障するようなシステムは，平均して何時間で故障するだろうか．

ちび丸：100 時間に 2 回なら，平均すれば 50 時間に 1 回です．

博士：そうだ．2/100 をひっくり返して 100/2 が答えになる．では，故障率が λ の場合には？

ちび丸：$1/\lambda$ ですか？

博士：そのとおり．これをシステムの**平均故障間隔**(MTBF：Mean Time Between Failure)と呼ぶこともある．

　さて，指数分布に従う部品の作動時間が t よりも大きな確率は，

$$Q(t) = 1 - F(t) = P(T \leq t) = e^{-\lambda t}$$

で与えられる．このような部品が直列につながって作動しているシステムの平均故障間隔はどうなるかな？　個々の部品の平均故障率を $\lambda_1, \lambda_2, \cdots, \lambda_n$ として計算しなさい．

ちび丸：システムが作動しているということは，直列につながっている部品のすべてが作動しているということですよね．だから，

$$Q_{system}(t) = Q_1(t) \times Q_2(t) \times \cdots \times Q_n(t) = e^{-(\lambda_1 + \lambda_2 + \cdots + \lambda_n)t}$$

したがって，平均故障間隔は，

$$\mathrm{MTBF} = \frac{1}{\lambda_1 + \lambda_2 + \cdots + \lambda_n}$$

となります．

博士：そうだ．では，λ がすべて同じだったら？
ちび丸：エーと，

$$\text{MTBF} = \frac{1}{n\lambda}$$

となります．

博士：そう．故障するまでの平均時間が $1/n$ になるということだ．つまり，システムの部品数に反比例して MTBF が低下する．だから，個々の構成部品の信頼性が高くないと故障が多くて使い物にならない．部品の品質管理がいかに重要かがわかるだろう．

第12節　アーラン分布

博士：問題14-3で，γ 線照射の問題があったが，その続きだ．ある細胞が突然変異を起こすのに，n 個以上の粒子が細胞に衝突する必要があるとしよう．では，その n 個の粒子が衝突するのに必要な時間はどのくらいか，というのが問題だ．

つまり，$i-1$ 番目の γ 線が衝突してから i 番目の γ 線が衝突するまでの時間を T_i とするとき，

$$T = T_1 + T_2 + \cdots + T_n = \sum_{i=1}^{n} T_i$$

の確率変数 T を求めることになる．この確率密度関数を求めるにはポアソン分布の助けを借りる必要がある．時間軸を $(0, t)$，$(t, t+\Delta t)$ の2つに分け，$(0, t)$ 内に $n-1$ 個の γ 線が衝突し，$(t, t+\Delta t)$ 内に n 個目の γ 線が衝突する確率を求めればよい．ところが，最初の確率は，

$$P(T_1 + T_2 + T_3 + \cdots + T_{n-1} \leq t) = \frac{e^{-\lambda t} \times (\lambda t)^{n-1}}{(n-1)!}$$

次の確率は，

$$P(t < T_n < t + \Delta t) = \lambda \Delta t$$

だから，

第2章　いろいろな確率分布

$$f(t) = \frac{\lambda \times e^{-\lambda t} \times (\lambda t)^{n-1}}{(n-1)!}$$

となる．これが**アーラン分布**の確率密度関数だ．この分布の平均値と分散は，

$$E_n(t) = n/\lambda$$

$$Var(t) = n/\lambda^2$$

となる．また，累積分布関数を求めるには確率密度関数を積分しなければならない．

$$F_n(t) = P(X_1 + X_2 + \cdots + X_n \leq t) = \frac{\lambda^n}{(n-1)!} \int_0^t e^{-u} u^{n-1} du$$

$$= 1 - e^{-t}\left[1 + \lambda t + \frac{(\lambda t)^2}{2!} + \frac{(\lambda t)^3}{3!} + \cdots + \frac{(\lambda t)^{n-1}}{(n-1)!}\right]$$

$$= 1 - \sum_{x=0}^{n-1} e^{-t} \frac{(t)^x}{x!}$$

ところで，ちび丸，この式の後ろ半分は何の分布かな？

ちび丸：ポアソン分布の累積分布関数ですか？

博士：そのとおり．だから Excel の POISSON(分布)関数を使えば答えが求められる．

◆ ◆ ◆ 演習問題 15 ◆ ◆ ◆

15-1 ある土産物屋では1日平均2個の熊の置物が売れます．また，仕入れは1週間に1回です．販売数が日や曜日に関係ないとすると，1回に99％の確率で売り切れることのない数を仕入れるには何個仕入れたらいいですか．

アーラン分布の分布関数は，

$$F(x) = 1 - e^{-\lambda t} \sum_{x=0}^{n-1} \frac{(\lambda t)^x}{x!}$$

となります．ここで $\lambda = 2$, $t = 7$ とおき，$F(x) \geq 0.99$ であるような n の値を求めると $n-1 = 23$, $n = 24$ となります．したがって，1週間に24個仕入れて

第12節 アーラン分布

おけばよいということになります．

これは，ポアソン分布でも答えが求められそうです．実際に求めてみますと，ポアソン分布で，$\lambda=14$ とおき，

$$F(x) = \sum_{x=0}^{n} \frac{e^{-\lambda}\lambda^x}{x!} \geq 0.99$$

となるような n の値を求めると $n=24$ となります．

このように，アーラン分布とポアソン分布は関係が深いのです．

15-2 問題14-3で，γ 線が n 個衝突するまでの時間が t 分以下である確率を求めなさい．

求めるのは $P(T_1+T_2+\cdots+T_n \leq t)$ の確率密度関数と累積分布関数です．すでに見てきたように，

$$f(t) = \frac{\lambda \times e^{-\lambda t} \times (\lambda t)^{n-1}}{(n-1)!}$$

$$F(t) = P(T_1+T_2+\cdots+T_n \leq t) = 1 - e^{-\lambda t}\sum_{x=0}^{n-1}\frac{(\lambda t)^x}{x!}$$

となります．ここで，$\lambda=4$（個/分）です．たとえば $n=10$ のときの $f(x)$ と $F(x)$ は次のようになります．つまり，3.9秒間以上あればほぼ99％の確率で10個の γ 線が衝突する計算になります．

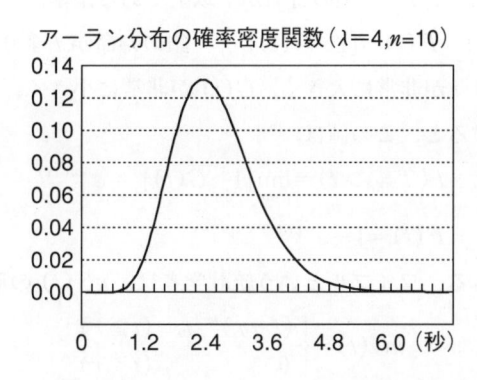

アーラン分布の確率密度関数（$\lambda=4, n=10$）

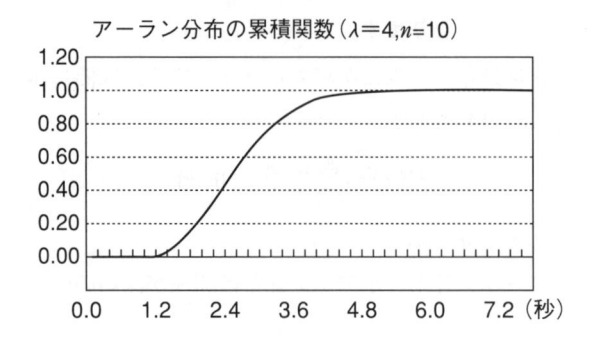

アーラン分布の累積関数($\lambda=4, n=10$)

第13節　ワイブル分布

博士：鎖は輪がつながってできている．強い力で引っ張ると，一番弱い部分がちぎれる．一番弱いところがちぎれれば全体が切れる．だから，ある時間 t で鎖が切れないということは，n 個の輪のすべてが切れないということだ．

1個の輪の寿命の確率分布関数を $G(t)$，鎖の寿命の寿命の分布関数を $F(t)$ とすると，

$G(t)=P(T_{Ring}\leq t)t$　　輪の寿命が t 以下である確率

$P(T_{Ring}>t)=1-G(t)t$　　輪の寿命が t よりも大きな確率

$F(t)=P(T_{Ring}\leq t)t$　　鎖の寿命が t 以上である確率

$P(T_{Ring}>t)=1-F(t)=[1-G(t)]^n$　　鎖の寿命が t よりも大きな確率

となる．ここで，n が非常に大きく，$G(t)$ が非常に小さく，$nG(t)$ が適当な大きさだと仮定すると，この値は，

$$P(T_{Ring}>t)=\lim_{n\to\infty}[1-G(t)]^n=e^{-nG(t)}$$

$$F(t)=1-e^{-nG(t)}$$

と書くことができる．ワイブルという統計学者は，$nG(t)$ の形を人為的に，

$$nG(t)=\begin{cases}(t-r)^m/t_0 & (t\geq r)\\ 0 & (t<r)\end{cases}$$

第13節　ワイブル分布

と定めた．累積分布関数と確率密度関数はそれぞれ，

$$F(t) = \begin{cases} 1 - e^{-(t-r)^m/t_0} & (t \geq r) \\ 0 & (t < r) \end{cases}$$

$$f(t) = \frac{dF(t)}{dt} = \begin{cases} \dfrac{m(t-r)^{m-1}}{t_0} e^{-(t-r)^m/t_0} & (t \geq r) \\ 0 & (t < r) \end{cases}$$

となる．ワイブル分布に従う製品の故障率は，

$$r(t) = \frac{f(t)}{1-F(t)} = \begin{cases} \dfrac{m(t-r)^{m-1}}{t_0} & (t \geq r) \\ 0 & (t < r) \end{cases}$$

となる．これは製品の故障分布を表すのに広く使われている．

ちび丸：ほかにも確率分布があるのに，なぜワイブル分布が故障の分析に使われているのですか．

博士：パラメータを変えるだけで，いくつかの故障パターンをうまくシミュレートできるからだよ．

ワイブル分布は，m の値を変えるだけで125ページから126ページに示すような故障モードをシミュレートできる．それがほかの確率分布よりも応用が広いといわれている理由なのだ．

ちび丸：でも，実験データから m, r, t_0 という3つのパラメータを求めるのは，やっかいそうですね．

博士：データさえ揃っていれば，実際の故障データと累積分布関数と比較してパラメータを推定することができる．一例として次の問題を見てみよう．

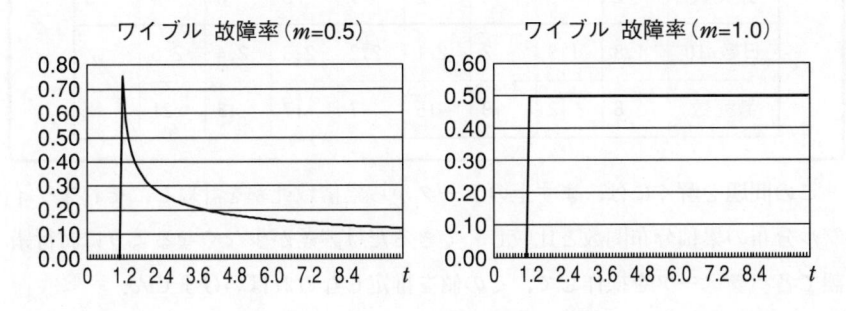

ワイブル　故障率（$m=0.5$）

ワイブル　故障率（$m=1.0$）

第2章　いろいろな確率分布

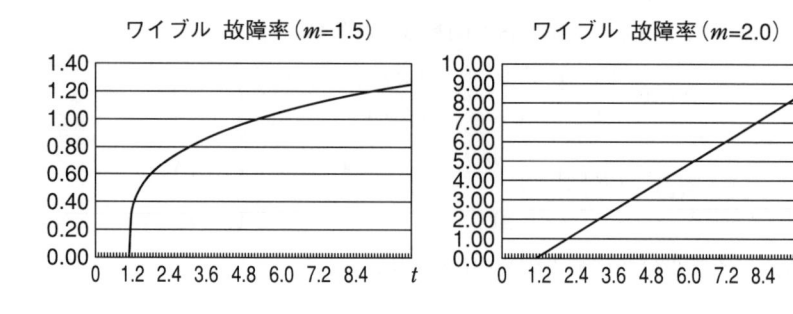

ワイブル 故障率（$m=1.5$）

ワイブル 故障率（$m=2.0$）

◆ ◆ ◆ 演習問題 16 ◆ ◆ ◆

16-1 実験室で研究目的のため，370匹の蚊を飼育している．ところが，何らかの原因で比較的早く死ぬ蚊が多く，そのデータをとったところ，次の表のようなデータが得られた．

　このデータから蚊の致死率をワイブル分布に当てはめ，m, r, t_0 という3つのパラメータを推定しなさい（ただし，データは計算の便宜上，10日を1としている）．

日数/10	0.0	0.1	0.2	0.3	0.4	0.5	0.6	0.7	0.8
致死数	0	0	0	0	1	2	1	3	4
日数/10	0.9	1	1.1	1.2	1.3	1.4	1.5	1.6	1.7
致死数	2	3	5	3	7	5	8	9	3
日数/10	1.8	1.9	2	2.1	2.2	2.3	2.4	2.5	
致死数	6	12	9	15	7	17	18	21	

　この問題を解くには，まず上のデータから累積致死率を計算し，それをワイブル分布の累積分布関数と比較し，できるだけ誤差が少なくなるように試行錯誤で各パラメータを操作して，その値を推定しなければいけません．

第13節 ワイブル分布

次に，累積致死率の表を示します．ここで，累積致死率は累積致死数を蚊の総数 370 で割った値です．

日数/10	0	0.1	0.2	0.3	0.4	0.5	0.6	0.7	0.8
致死数	0	0	0	0	1	2	1	3	4
累積致死数	0	0	0	0	1	3	4	7	11
累積致死率	0.000	0.000	0.000	0.000	0.003	0.008	0.011	0.019	0.030
日数/10	0.9	1	1.1	1.2	1.3	1.4	1.5	1.6	1.7
致死数	2	3	5	3	7	5	8	9	3
累積致死数	13	16	21	24	31	36	44	53	56
累積致死率	0.035	0.043	0.057	0.065	0.084	0.097	0.119	0.143	0.151
日数/10	1.8	1.9	2	2.1	2.2	2.3	2.4	2.5	
致死数	6	12	9	15	7	17	18	21	
累積致死数	62	74	83	98	105	122	140	161	
累積致死率	0.168	0.200	0.224	0.265	0.284	0.330	0.378	0.435	

ワイブル分布の累積分布関数は Excel のグラフ機能で，パラメータが可変にできるように描き，それとデータ値を比較したのが次のページのグラフです．

結果だけを示しますが，$m=2.8$，$r=0$，$t_0=25$ の分布関数，

$$F(t) = 1 - \exp(-t^{2.8}/25)$$

の形が最もデータとよく一致します．このデータを外に延ばしていけば，約 55 日ですべての蚊が死ぬという結論になります．もっとも，蚊の自然寿命はもっと短いかも知れません．

ワイブル分布の累積分布関数

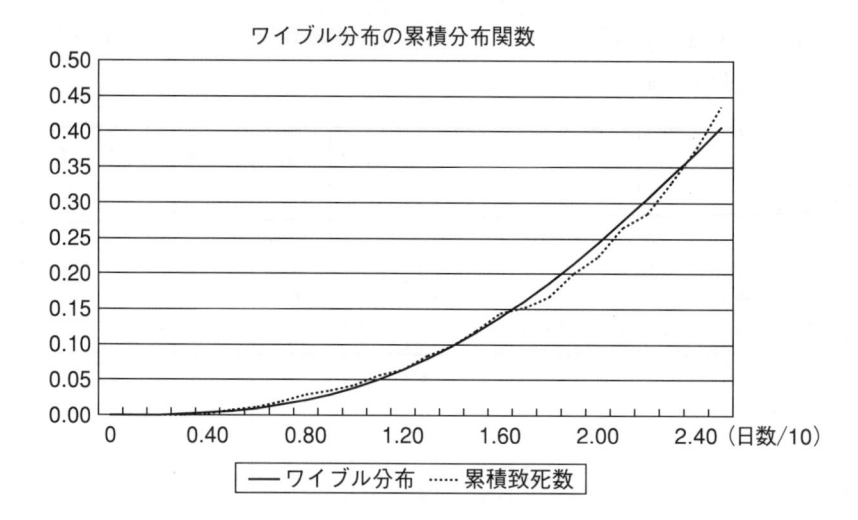

第14節　確率変数の関数の分散

博士：確率変数というと，いかにもサイコロを振ったときの出方のような感じに思えるが，そうとは限らない．工学の分野で使う長さや重量なども立派な確率変数だ．

　たとえば，ある地点から遠くのタワーの先端までの距離を三角測量で求めたとき，測定値には誤差があることは誰もが知っている．問題はその誤差がどの程度か，ということだ．

　もし，その誤差を，距離計や測距儀の測定誤差の関数として求めることができればいろいろな分野で応用がきく．そのためには，まず確率変数の和の平均値や分散を求めてみよう．

　a_i を常数，x_i を $N(\mu, \sigma^2)$ に従う確率変数とするとき，$L = a_1 x_1 + a_2 x_2 + \cdots + a_n x_n$ の平均値と分散は次の式で与えられる．

第14節　確率変数の関数の分散

$$E(L)=\sum_{i=1}^{n}a_i E(x_i)=\mu\sum_{i=1}^{n}a_i$$

$$Var(L)=E\left[\sum_{i=1}^{n}a_i^2(x_i-\mu)^2\right]=\sum_{i=1}^{n}a_i^2 E(x_i-\mu)^2=\sum_{i=1}^{n}a_i^2\sigma^2$$

とくに，$a_1=a_2=\cdots=a_n=1$ ならば，

$$E(L)=n\mu$$

$$Var(L)=n\sigma^2$$

となる．一方，y を x_1, x_2, x_3, $\cdots$, x_m の関数とすると，

$$y=f(x_1, x_2, x_3, \cdots, x_m)$$

$$\varDelta y \cong \frac{\partial f}{\partial x_1}\varDelta x_1+\frac{\partial f}{\partial x_2}\varDelta x_2+\cdots+\frac{\partial f}{\partial x_m}\varDelta x_m$$

が成り立つ．ここで $\varDelta$ は平均値や基準値からの誤差とも考えられる．また，$\frac{\partial}{\partial x_1}$, $\frac{\partial}{\partial x_2}$, $\cdots$ というのは，偏微分記号で，ほかの変数の値を変えずに，x_1, x_2, $\cdots$ を変化させるという意味だ．ふつうの微分と同じように考えればよい．そこで，

$$\varDelta y=y-\mu_y$$

$$\varDelta x_i=x_i-\mu_{x_i}$$

とおこう．すると，

$$\sigma_y^2=E(y-\mu_y)^2=E(\varDelta y)^2=\sum_{i=1}^{m}\left[\left(\frac{\partial f}{\partial x_i}\right)^2 E(\varDelta x_i)^2\right]$$

$$=\sum_{i=1}^{m}\left(\frac{\partial f}{\partial x_i}\right)^2 Var(x_i)=\sum_{i=1}^{m}\left(\frac{\partial f}{\partial x_i}\right)^2 \sigma_{x_i}^2$$

が成り立つ．この式は，変数 x_i が規定値や基準値からわずかにずれたときに，y がどの程度ばらつくか，という問題を解くのに役立つ．

ちび丸：わかりやすい例で説明していただけませんか．

博士：では，次の問題を考えよう．

　重力加速度を g とする．ボールを，初速 v_0，水平から θ の角度で投げ上げたとき，空気の抵抗を無視すれば，地面に落ちるまでの水平到達距離は $y=$

$\dfrac{v_0^2 \sin 2\theta}{g}$ で与えられる．したがって，

$$g = 9.8 \, \text{m/sec}^2$$
$$v_0 = 40 \, \text{m/sec}$$
$$\theta = 30° \, (= 30\text{deg})$$

ならば，

$$y = \dfrac{40^2 \times \sin 60°}{9.8} = 141.392$$

となる．しかし，実際には投げるときの速度も，投げ上げ角も一定ではなく，バラツキがあるので，それが y 自身のバラツキのもととなる．

では，投げ上げるときの初速 v_0 のバラツキが，1σ 値で 3 m/sec，投げ上げ角のバラツキが 1σ 値で 2°であると仮定したとき，y のバラツキはどの程度かを求めてみよう．

$$\sigma_{v_0}^2 = 3^2 \, (\text{m/sec})^2$$
$$\sigma_\theta^2 = 2^2 \, (deg^2) = 0.0349^2 \, (\text{radian})^2$$
$$\sigma_y^2 \cong \left(\dfrac{\partial y}{\partial \theta}\right)^2 \sigma_\theta^2 + \left(\dfrac{\partial y}{\partial v_0}\right)^2 \sigma_{v_0}^2$$
$$= \left[\dfrac{2v_0^2 \cos 2\theta}{g}\right]^2 \sigma_\theta^2 + \left[\dfrac{2v_0 \sin 2\theta}{g}\right]^2 \sigma_{v_0}^2 = 482.27 \, (\text{m})$$
$$\sigma_y = 21.96 \, (\text{m})$$

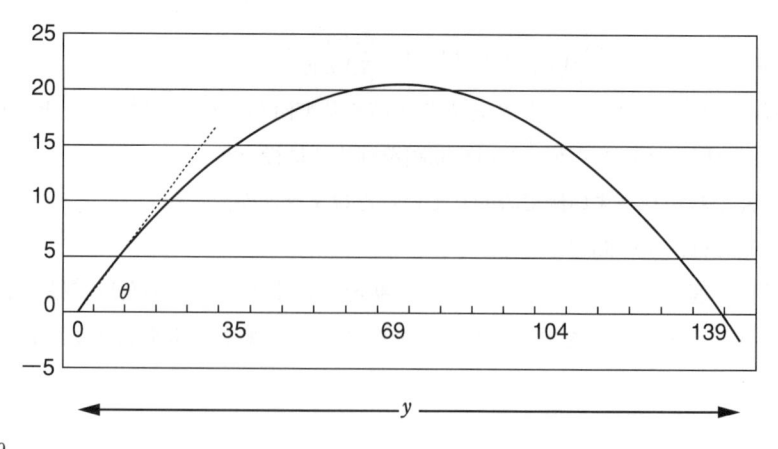

第14節　確率変数の関数の分散

つまり，水平到達距離 y は $N(141.392, 21.96^2)$ に従う確率変数ということになる．もし何回も投げたら120 mのことも，160 mのこともあるというわけだ．ちび丸，y が160 m以上である確率はどのくらいかな？

ちび丸：ハイ，

$$P(x \geq 160) = P\left(\frac{x-141.392}{21.96} \geq \frac{160-141.392}{21.96}\right)$$
$$= P(y \geq 0.847359) = 1 - 0.801602 = 0.198398$$

となります．

博士：投げる際の速度や投げ上げ角をわずかに変えるだけで，こんなに大きく到達距離が変化する．ハンマー投げの選手などが，何回投げてもほとんど1 m以内の距離に落とすことができるのは，非常に精密に速度や角度をコントロールできるということだな．

◆◆◆ 演習問題17 ◆◆◆

17-1 コンテナの容積を求めるため，巻き尺で縦横高さの寸法を測ったところ次の値を得ました．

高さ(height)　$h = 5.1$ m
横　(width)　$w = 4.7$ m
縦　(length)　$l = 6.5$ m

巻き尺には，測定時の温度条件などにより 1σ 値で 0.02 cm (0.2%) の誤差があります．では，容積そのものにはどの程度の誤差が見込まれますか．誤差が正規分布に従うとして計算しなさい．

$$y = hwl$$
$$\sigma_y^2 \cong \left(\frac{\partial y}{\partial h}\right)^2 \times \sigma_h^2 + \left(\frac{\partial y}{\partial w}\right)^2 \times \sigma_w^2 + \left(\frac{\partial y}{\partial l}\right)^2 \times \sigma_l^2$$
$$= (wl)^2 \times \sigma_h^2 + (hl)^2 \times \sigma_w^2 + (hw)^2 \times \sigma_l^2$$

となります．

$$\sigma_h = 5.1 \times 0.002 = 0.0102$$
$$\sigma_w = 4.7 \times 0.002 = 0.0094$$
$$\sigma_l = 6.5 \times 0.002 = 0.0130$$

ですから，

$$hwl = 155.805$$
$$\sigma_y^2 = 0.291302$$
$$\sigma_y = 0.5397$$

となります．したがって，容積は $N(155.805, 0.5397)$ に従う確率変数となります．

17-2 三角測量で塔の高さを測定することにしました．塔までの水平距離を x，塔を見上げる角度を θ とすると，塔の高さは，

$$h = x \tan \theta$$

で与えられます．実測の結果，$x = 145.2$ m，$\theta = 38.45°$ でした．ところが，距離の測定には 1σ 値で 0.03%，角度の測定には 0.02% の誤差が見込まれています．では，塔の高さにはどの程度の誤差が見込まれますか．

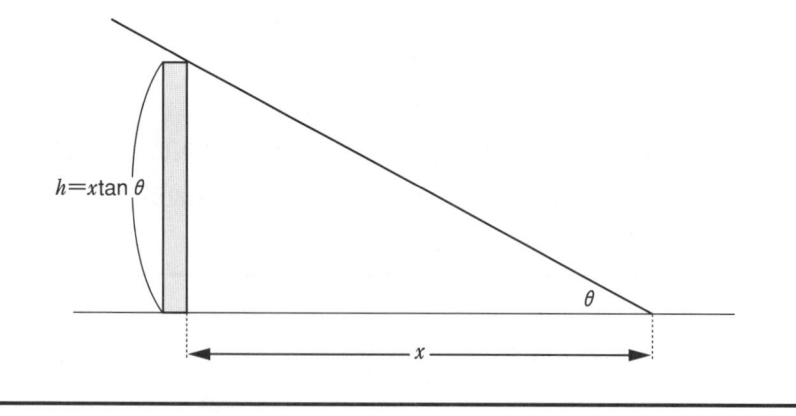

$$\sigma_h^2 \simeq \left(\frac{\partial h}{\partial x}\right)^2 \times \sigma_x^2 + \left(\frac{\partial h}{\partial \theta}\right)^2 \times \sigma_\theta^2 = \tan^2\theta \times \sigma_x^2 + \frac{x^2 \sigma_\theta^2}{\cos^4\theta}$$

に，

$$\sigma_x = 145.2 \times 0.0003 = 0.03456$$
$$\sigma_\theta = 38.45 \times 0.0002 = 0.00769$$

を代入して計算すると，

$$h = 115.2905$$
$$\sigma_h^2 = 0.220589, \quad \sigma_h = 0.469669$$

が得られます．つまり，塔の高さは1σ値で約 47 cm の誤差が見込まれることになります．

第 15 節　サンプル抽出による品質検査

博士：製品は，検査して**品質保証**をしなければ市場に出すことができない．1個ずつ検査して不良品とそうでないものを識別することが最も望ましいが，耐久試験のような**破壊検査**では**全数検査**はできない．

　そのような場合には，製品中から無作為にいくつかのサンプルを抜き出して検査し，その結果でロットの合格・不合格の判定をするしかない．

　そこで，**抜き取り検査**が必要となってくる．つまり，N 個のロットから n 個のサンプルを抜き出して検査し，そのうち不良品が c 個以下ならばそのロットを合格，そうでなければ不合格とするわけだ．

　それでは，ちび丸，製品の不良品率を θ とするときに，ロットが合格と判定される条件確率 $P(A|\theta)$ を求めなさい．

ちび丸：ハイ．N 個のロットから n 個を選び出す方法は ${}_NC_n$ 通りです．そのうち不良品数は $N\theta$ 個あり，そこから c 個を選び出す方法は ${}_{N\theta}C_c$ 通りです．したがって，求める答えは**超幾何分布**を使って，

$$\boxed{P(A|\theta) = \sum_{x=0}^{c} \frac{{}_{N\theta}C_c \times {}_{N-N\theta}C_{n-c}}{{}_NC_n}}$$

となります．でも博士，$N\theta$ は整数とは限りません．その場合にはどうするのですか？

博士：大丈夫だ．組合せを計算するには Excel の COMBIN 関数を使うが，小数点を含む値を入力しても，小数点以下は切り捨てられるだけでエラーにはならない．とはいっても，できるなら $N\theta$ が整数になるように調整した θ を使うほうがいいな．

また，この式は N が小さい場合には使えるが，N が大きくなると計算が煩雑になる．また**不良品率** θ は非常に小さく，せいぜい数千個に 1 個というような値だ．そこで，ほかの分布を使うことを考えよう．上の式で N が非常に大きく，θ が非常に小さくなった場合の**極限値**を考える．

$$h(x) = \frac{{}_{N\theta}C_x \times {}_{N-N\theta}C_{n-x}}{{}_N C_n}$$

$$= \frac{(N\theta)!}{x!(N\theta-x)!} \times \frac{[N(1-\theta)]!}{(n-x)![N(1-\theta)-n+x]!} \times \frac{n!(N-n)!}{N!}$$

$$= {}_nC_x \frac{\theta\left(\theta-\frac{1}{N}\right)\cdots\left(\theta-\frac{x-1}{N}\right)(1-\theta)\left(1-\theta-\frac{1}{N}\right)\cdots\left(1-\theta-\frac{n-x-1}{N}\right)}{1\left(1-\frac{1}{N}\right)\cdots\left(1-\frac{x-1}{N}\right)\cdots\left(1-\frac{n-1}{N}\right)}$$

と変形し，N をどんどん大きくしていくと，

$$\lim_{N\to\infty} h(x) = {}_nC_x \theta^x (1-\theta)^{n-x}$$

となる．これは 2 項分布だ．つまり，

$$P(A|\theta) = \sum_{x=0}^{c} {}_nC_x \theta^x (1-\theta)^{n-x}$$

となる．ここで，さらに $n\to\infty$，$\theta\to 0$，$n\theta = \mu$ が一定値となるような極限を考えると，すでに見てきたように**ポアソン分布**の累積分布関数，

$$P(A|\theta) = \sum_{x=0}^{c} \frac{\mu^x}{x!} e^{-\mu}$$

となる．

第15節　サンプル抽出による品質検査

◆ ◆ ◆ 演習問題 18 ◆ ◆ ◆

18-1 100個の製品ロットから5個のサンプルを抽出して検査します．
(1) 全部が良品ならばロットを合格とする方式
(2) 不良品が1個以内ならばロットを合格とする方式
(3) 不良品が2個以内ならばロットを合格とする方式
のもとで，ロット中に含まれる不良品率と，ロットを合格とする確率の関係を示すグラフを描きなさい．

$P(A|\theta)$ の式は次のようになります．

$$P(A|\theta) = \sum_{x=0}^{c} \frac{{}_{100\theta}C_c \times {}_{100(1-\theta)}C_{5-c}}{{}_{100}C_5} \quad (c=0, 1, 2)$$

となります．この式で横軸 θ，縦軸ロットの合格率としてグラフを描くと次のようになります．

このような曲線を OC 曲線(Operating Characteristic Curve)と呼んでいます．

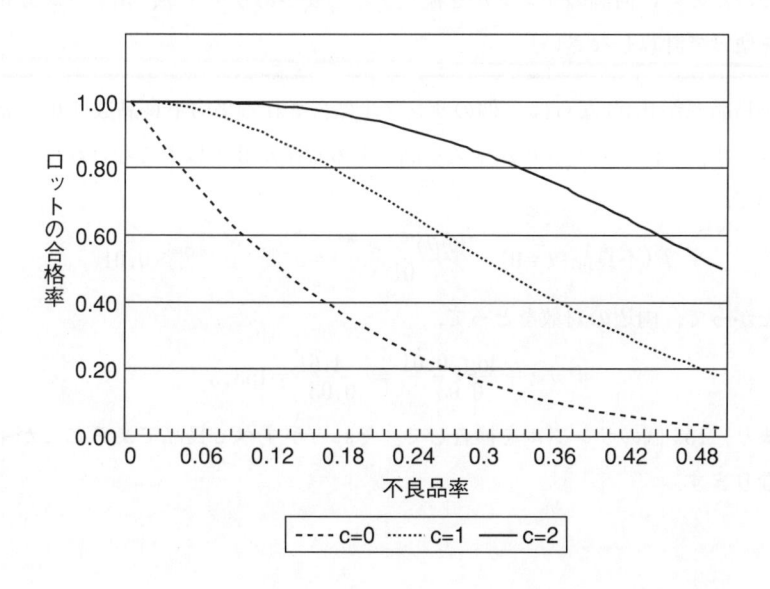

不良品が2個以内ならロットを合格とする検査方式だと,不良品率が10％以上でもほぼ100％合格になる計算です.しかし,これでは顧客からクレームが出て実際には使い物にはなりません.もっと厳しい検査方式にするにはどうしたらよいのでしょうか.

まず,サンプルが全数良品の場合だけロットを合格とする方式を採用することです.また,サンプル数を増やして検査を厳しくすることも考えられます.サンプル数を増やせば検査コストはかかりますが,当然です.安上がりで厳しい品質管理を望むのは無理というものです.

とはいえ,不良品が多いのに,検査を厳しくすれば,製品全部が不合格になってしまいます.ある程度,品質がよいことが,厳しい検査の前提です.

18-2 過去の実績から,ある製品の不良品率は0.02前後であることがわかっています.サンプルが全数良品の場合にロットを合格とする方式のもとで,不良品率が0.03ならば**合格率0.1以下**に抑えたいと考えています.そのためには何個のサンプルを検査する必要がありますか.ポアソン分布を使って計算しなさい.

不良品率が0.03ならばn個のサンプルに含まれる平均不良品数は$0.03n$となります.n個のサンプルが全数良品である確率が0.1以下でなければならないので,

$$P(不良品数=0) = \frac{(n\theta)^0 \times e^{-n\theta}}{0!} = e^{-n\theta} = e^{-0.03n} \leqq 0.01$$

したがって,両辺の対数をとって,

$$n \geqq \frac{-\log_e 0.01}{0.03} = \frac{-4.61}{0.03} = 153.5$$

つまり,154個のサンプルを検査して,それらがすべて良品であることが条件になります.

第15節　サンプル抽出による品質検査

　ところで，この問題では，不良品率が 0.03 でも合格と判定される確率が 0.1 あることになります．そのため，普通は，製品の保証書に，不良品なら無償で交換します，というただし書きをして対応しています．ただ，やたらと不良品が多いのではコストがかさんで困ってしまいます．そこで，市場に出回ってしまった製品中に何個不良品があるかを知る必要があります．

　ロット中に θ ％の不良品がある製品を考えます．このロットを合格と判定する確率を p，不合格と判定する確率を $1-p=q$ とします．n ロットのうち nq ロットは不合格となって全数検査に回されますが，np ロットは合格と判定されて市場に出回ってしまいます．

　この中には $np\theta$ 個の不良品が混ざっています．つまり，市場に出回っている n ロットの中の $np\theta$ 個が不良品ですから，不良品率は $p\theta$ となります．

　仮に，m 個のサンプルを抽出して検査し，全部良品だった場合にロットを合格とする方式を採用するならば，ロットを合格と判定する確率は，
$$p=(1-\theta)^m$$
となります．したがって，市場に出回っているロット中の不良品率は，
$$\theta p = \theta(1-\theta)^m$$
となります．この不良品率は θ が 0 のときも 1 のときも値が 0 ですから，0 と 1 の中間で最大値をとります．
$$\frac{d\theta(1-\theta)^m}{d\theta}=(1-\theta)^m-\theta m(1-\theta)^{m-1}=0$$
とおいて θ の値を求めると，
$$(1-\theta)-\theta m=0$$
$$\theta=\frac{1}{m-1}$$
となります．そのときの最大不良品率は，これを $\theta(1-\theta)^m$ に代入すると求めることができ，
$$\boxed{\left(\frac{1}{m+1}\right)\left(1-\frac{1}{m+1}\right)^m=\frac{m^m}{(m+1)^{m+1}}}$$

となります．また，この式で m を大きくしていくと，

$$\lim_{m\to\infty}\left(\frac{1}{m+1}\right)\left(1-\frac{1}{m+1}\right)^m \cong \left(\frac{1}{m+1}\right)\times e^{-1} = \frac{0.36788}{m+1}$$

となります．市場に出回る不良品率を 0.01 に抑えたければ，次のようにして m を求めます．すなわち，

$$0.01 \geq \frac{0.36788}{m+1}$$
$$m+1 \geq \frac{0.36788}{0.01} = 36.788$$
$$m \geq 36$$

となりますので，つまり，**36 個を検査し，全数良品ならロットを合格とする検査方式を採用すれば，不良品率が 0.01 以下になります．**

なお，この θp という値は，検査から漏れて市場に出回る製品の平均品質ということで AOQ(Average Outgoing Quality) と呼ばれています．

ところで，ロットから 36 個もサンプルを取り出してテストするのは大変そうに思えます．実際にはお金がかかるので，ロット全部でこんなに多数のサンプルを抽出できないでしょう．しかし，新製品の製造ロットを立ち上げる際には，念には念を入れて多くのサンプルを試験したほうがいいですから，まんざら非現実的な数字でもないようです．

第16節　ゲームの確率

博士：ちび丸，将棋や碁の勝負では 1 回ではなく三番勝負とか七番勝負というのが多いのはなぜか知っているかな？

ちび丸：それは，弱いほうがまぐれで勝つことがあるというように，1 回では実力差が反映されにくいからだと考えられるためです．

博士：複数番勝負ならば実力が反映されやすいということかな．では調べてみよう．

第16節　ゲームの確率

◆ ◆ ◆ 演習問題 19 ◆ ◆ ◆

19-1 将棋の名人戦や竜王戦では，先に 4 勝したほうを勝ちと定めています．最終的にタイトル保持者が勝つ確率を求めなさい．ただし，1 回の勝負でタイトル保持者 A が，挑戦者 B に勝つ確率を p とします．

タイトル保持者が勝つ確率は，次の確率を総和したものです．

- タイトル保持者が 3 勝 0 敗で 4 戦目に勝つ

$$_3C_3 p^3 (1-p)^0 \times p = p^4$$

- タイトル保持者が 3 勝 1 敗で 5 戦目に勝つ

$$_4C_3 p^3 (1-p)^1 \times p = 4 \times p^4 \times (1-p) = 4p^4 q$$

- タイトル保持者が 3 勝 2 敗で 6 戦目に勝つ

$$_5C_3 p^3 (1-p)^2 \times p = 10 \times p^4 \times (1-p)^2 = 10p^4 q^2$$

- タイトル保持者が 3 勝 3 敗で 7 戦目に勝つ

$$_6C_3 p^3 (1-p)^3 \times p = 20 \times p^4 \times (1-p)^3 = 20p^4 q^3$$

以上をまとめるとタイトル保持者が勝つ確率は，

$$p^4(1+4q+10q^2+20q^3)$$

となります．さて，実力が反映されているかどうかは，$p=0.5$ のすぐ付近で，p が少し増えたとき，この確率が何倍になって増えるかを調べます．それにはこの関数を微分します．

$$\frac{d}{dp}[p^4(1+4q+10q^2+20q^3)]$$
$$=4p^3(1+4q+10q^2+20q^3)-p^4(4+20q+60q^2)$$
$$=p^3[(4+16q+40q^2+80q^3)-(1-q)(4+20q+60q^2)]$$
$$=p^3(4+16q+40q^2+80q^3-4-20q-60q^2+4q+20q^2+60q^3)$$
$$=140p^3 q^3$$

となります．

$p=q=0.5$ のとき，この値は $140/64=2.1875$ です．少しでも強いほうが

優勝する確率が，1回しか勝負をしないときに比べて2倍以上に「拡大」されるということがわかりました．それだけ「まぐれで勝つ」確率が少なくなるということになります．

> **19-2** 問題 19-1 と同じく，1回の勝負でタイトル保持者 A が，挑戦者 B に勝つ確率を p とします．タイトル保持者がすでに1勝しているとき，最終的にタイトルを防衛する確率を求めなさい．

すでに1勝しているので，タイトル保持者のほうが有利であるのはいうまでもありません．挑戦者が4勝するよりも先に，タイトル保持者が3勝すれば勝ちですから，求める答えは，次の確率を総計したものです．

- タイトル保持者が2勝0敗で4戦目に勝つ
- タイトル保持者が2勝1敗で5戦目に勝つ
- タイトル保持者が2勝2敗で6戦目に勝つ
- タイトル保持者が2勝3敗で7戦目に勝つ

$$_2C_2 p^2 \times p + {}_3C_2 p^2 \times q \times p + {}_4C_2 p^2 \times q^2 \times p + {}_5C_2 p^2 \times q^3 \times p$$
$$= p^3(1 + 3q + 6q^2 + 10q^3)$$

参考までに，$p=0.5$ のとき，この値は $21/32 = 0.65625$ となります．

> **19-3** 問題 19-2 で，タイトル保持者がすでに2勝しているとき，最終的にタイトルを保持する確率を求めなさい．

挑戦者が4勝するよりも先に，タイトル保持者が2勝すれば勝ちですから，求める答えは次の確率を総計したものになります．

- タイトル保持者が1勝0敗で4戦目に勝つ
- タイトル保持者が1勝1敗で5戦目に勝つ
- タイトル保持者が1勝2敗で6戦目に勝つ
- タイトル保持者が1勝3敗で7戦目に勝つ

第16節　ゲームの確率

$$p({}_1C_1\times p + {}_2C_1\times p\times q + {}_3C_1\times p\times q^2 + {}_4C_1\times p\times q^3) = p^2(1+2q+3q^2+4q^3)$$

$p=0.5$ のとき，この値は $13/16=0.8125$ となります．

> **19-4** 問題 19-2 で，タイトル保持者がすでに 3 勝しているとき，最終的にタイトルを保持する確率を求めなさい．

挑戦者が 4 勝するよりも先に，タイトル保持者が 1 勝すれば勝ちですから，求める答えは，次の確率を総計したものになります．

- タイトル保持者が 4 戦目に勝つ
- タイトル保持者が 1 敗で 5 戦目に勝つ
- タイトル保持者が 2 敗で 6 戦目に勝つ
- タイトル保持者が 3 敗で 7 戦目に勝つ

$$p + qp + q^2p + q^3p = p(1+q+q^2+q^3) = p\cdot\frac{1-q^4}{1-q} = 1-q^4$$

タイトル保持者が 4 連敗しない限り，負けないということです．$p=0.5$ のとき，この値は $15/16=0.9375$ となります．

以上をまとめると $p=0.5$ のときのグラフは次のようになる．先に勝てば勝

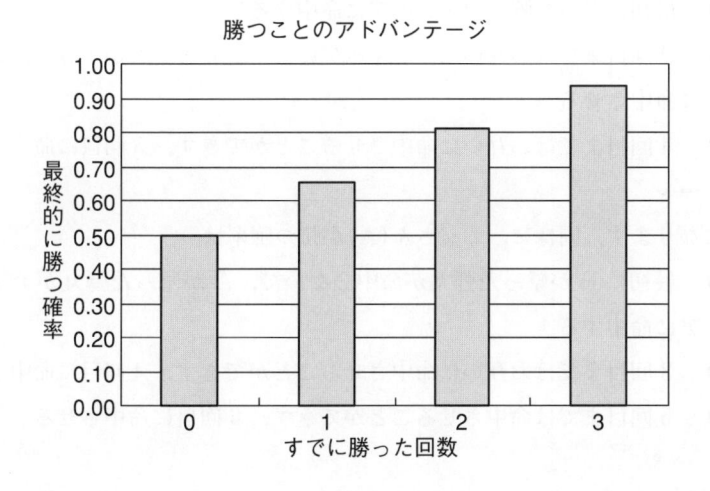

勝つことのアドバンテージ

(縦軸：最終的に勝つ確率，横軸：すでに勝った回数)

つほど有利になる，ということがよくわかると思います．

> **19-5** お父さんと息子が遊園地に遊びに行きました．射的場でテディベアがあるのを見つけ，息子が「お父さんあれ買って」とせがみます．
> 「あれは射撃で命中しないともらえないんだよ」
> 「じゃあ僕が撃つからお金をちょうだい」
> まだ小さな子どもです．たやすく命中するとは思えません．そこで，お父さんは次のような提案をしました．
> 「撃ってもいいけど1発だよ，命中しなければ次はお父さんが1発撃つからね．お父さんが撃っても命中しなければまた君が撃ってもいいから……と順に撃って，先に当たったほうが勝ちにしよう」
> 息子は「お父さん，やろう．絶対僕が勝つからね」と喜んでいます．
> では，お父さん(A)が1発撃ってテディベアに命中させる確率 p_a を 0.8，息子(B)が命中させる確率 p_b を 0.5 としたとき，お父さんと息子が勝つ確率をそれぞれ求めなさい．

息子(B)が勝つ確率は，

- 最初に撃った弾がテディベアに命中する
- 2回目まではお互いにテディベアに命中させることができず，3回目に命中させる
- 4回目まではお互いに命中させることができず，5回目に命中させる
- ……

の和になります．同様に，お父さん(A)が勝つ確率は，

- 最初にBが撃った弾丸が命中しないで，Aが撃った弾丸がテディベアに命中する
- 3回目まではお互いに命中させることができず，4回目に命中させる
- 5回目までは命中させることができず，6回目に命中させる
- ……

第16節 ゲームの確率

の和になります．

また，$\rho = q_b \times q_a$ とすると，

$$P(\text{Bが勝つ}) = p_b + p_b q_a q_b + p_b q_a{}^2 q_b{}^2 + p_b q_a{}^3 q_b{}^3 + \cdots$$

$$= p_b(1 + \rho + \rho^2 + \rho^3 + \cdots) = \frac{p_b}{1-\rho}$$

$$P(\text{Aが勝つ}) = p_a q_b + p_a q_a q_b{}^2 + p_a q_a{}^2 q_b{}^3 + p_a q_a{}^3 q_b{}^4 + \cdots$$

$$= p_a q_b(1 + \rho + \rho^2 + \rho^3 + \cdots) = \frac{p_a q_b}{1-\rho}$$

となります．

$$p_a = 0.8$$
$$q_a = 1 - p_a = 0.2$$
$$p_b = 0.5$$
$$q_b = 1 - p_b = 0.5$$

を使って計算すると，

$$P(\text{Bが勝つ}) = 0.5555$$
$$P(\text{Aが勝つ}) = 0.4444$$

となります．

ここで少し考えてみてください．お父さんのほうが射撃の腕がいいのに，息子のほうが勝つ確率が大きくなっています．お父さんが勝つためには，少なくとも最終的に勝つ確率が 0.5 より大きくなければいけません．しかし，息子が最初に撃って当たる確率が 0.5 ですから，息子の勝つ確率がすでに 0.5 あるということです．これではいかにお父さんの腕がよくても不利ですね．

19-6 射撃の名人が 3 人を相手に決闘します．名人が 3 人に命中させる確率は 1.00 ですが，3 人のほうが名人に命中させる確率は 0.25 です．ただし，最初に 3 人が撃って，名人が生き残ったら名人が 3 人を撃つ，というルールです．どちらが勝つ確率が大きいでしょうか．

第2章　いろいろな確率分布

問題19-5と同じに考えれば，最初に射撃する3人の弾のうち1発でも名人に命中する確率は$1-0.75^3=0.5781$だから3人の勝ちになります．いかに名人でも，先に撃たれたらかなわないということです．

> **19-7** アメリカにキーノ(KENO)と呼ばれる数字当てクイズがあります．まず，客は1ドルを出して，80ある数字の中から10の数字を選びます．次に電光掲示板に20の数字が映し出されます．そのうち，数字が5つ合っていたら1ドル，6つで10ドル，7つなら80ドル，8つなら1,000ドル，9つなら5,000ドル，そしてすべてが合致すれば1,000,000ドルが当たります．このゲームの期待値を計算しなさい．

80個の中から選んだ10個の数字のうち，5個が20個の中の数字と同じということは，残りの5個は電光掲示板に表示されなかった60個の中にある，ということです．数字のグループを2つに分類し，それぞれに特定の数字がいくつ入っているか，という問題ですから，超幾何分布を使います．つまり，80個の中から選んだ10個の数字のうち，5個が20個の中の数字と同じ確率は，

$$\frac{{}_{20}C_5 \times {}_{60}C_5}{{}_{80}C_{10}}$$

となります．これがわかれば，6個以上の場合も計算できます．ゲームの期待値は次の式から1ドルを引いた値になります．

$$\frac{{}_{20}C_5 \times {}_{60}C_5}{{}_{80}C_{10}} \times 1 + \frac{{}_{20}C_6 \times {}_{60}C_4}{{}_{80}C_{10}} \times 10 + \frac{{}_{20}C_7 \times {}_{60}C_3}{{}_{80}C_{10}} \times 80$$
$$+ \frac{{}_{20}C_8 \times {}_{60}C_2}{{}_{80}C_{10}} \times 1000 + \frac{{}_{20}C_9 \times {}_{60}C_1}{{}_{80}C_{10}} \times 5000 + \frac{{}_{20}C_{10} \times {}_{60}C_0}{{}_{80}C_{10}} \times 1000000$$
$$=0.5734$$

ということは，1ドルを出して57セントしか返ってこないのですから，このゲームの期待値はマイナスですね．

第16節 ゲームの確率

19-8

(1) 競馬の投票法(賭け方)で，1着と2着を1組にして当てる方式には2つあります．ひとつは着順どおりに当てる賭け方で「連勝単式」方式，もうひとつは，着順にかかわりなく当てる「連勝複式」方式です．もし，どの出走馬も勝つ確率が等しいならば16頭の馬が出走した場合，連勝単式で買った馬券が当たる確率はどのくらいですか．また，連勝複式で買った馬券が当たる確率はどのくらいですか．

(2) 1着から3着までを着順どおりに当てる「三連単」と，着順にかかわりなく当てる「三連複」方式があります．出走数16頭で，それぞれの馬券が当たる確率を求めなさい．ただし，どの出走馬が勝つ確率も等しいものとします．

(3) 出走馬を馬番号順に最大8つの枠に区切ったものが枠番連勝番号です．1着と2着の枠番号の組合せを着順どおりに当てる方式を「枠番連勝単式」といいます．また，着順にかかわりなく当てる方式を「枠番連勝複式」といいます．
　8枠のうち，どの枠も勝つ確率が等しいものとするとき，枠番連勝単式および複式で買った馬券が当たる確率を求めなさい．

(4) A，B，C，Dの4人の競馬予想師が，39ゲームの競馬の予想を行いました．本命馬を予想し，実際に優勝したら的中とします．実績をみると，4人の予想師のうち，1人は5回，1人は7回，そして2人が8回的中させていました．この結果から，予想師はでたらめに(サイコロに頼って)選んでいるのではない，ということが言えるでしょうか．

(1) 着順どおりに1着2着を当てる「連勝単式」方式の場合，最初の馬は16通り，次の馬は15通りから選ぶことができるので全部で $16 \times 15 = 240$ 通りあります．したがって，求める確率は1/240となります．これでは的中させるのが大変です．

第 2 章　いろいろな確率分布

着順に関係なく当てる「連戦複式」方式の場合，たとえば (5, 7) でも (7, 5) でも同じになるから 240/2 = 120 通りとなります．したがって，求める確率は，1/120 となります．

また，16 頭から 2 頭を選ぶ選び方の数は，

$$_{16}C_2 = \frac{16 \times 15}{2} = 120$$

ですから 1/120 として求めてもいいでしょう．

(2)「三連単」方式の場合，最初の馬は 16 通り，次の馬は 15 通り，3 番目は 14 通りの選び方があるので，選び方は全部で $16 \times 15 \times 14 = 3360$ 通りとなります．したがって，求める確率は 1/3360 です．こうなると宝くじ並みです．

3 つの異なる数字の場合，異なる並べ方は $2 \times 3 = 6$ 通りあります．だから，「三連複」方式では 3360/6 = 560 通りの選び方があります．したがって，求める確率は 1/560 となります．

この場合も，

$$\frac{1}{_{16}C_3} = \frac{6}{16 \times 15 \times 14} = \frac{1}{560}$$

としても求められます．

(3)「枠番連勝単式」は，(1, 1) から (8, 8) まで 64 通りの組合せがあります．したがって，求める確率は 1/64 です．

「枠番連勝複式」の場合は，枠番数字の重複を考えて計算しなければいけません．重複した数字はもともと区別がなく，それを 2 で割っても意味がありません．そのため，まず重複しない組合せだけを拾い上げ，それを 2 で割って重複分をプラスしなければいけません．

重複した数字の組合せは，(1, 1), (2, 2), …, (8, 8) の 8 つがあります．したがって，重複しない組合せで着順が関係ないものの数は，

$$\frac{64-8}{2} = 28$$

第16節 ゲームの確率

それに重複分8を加えて36通りの組合せがあります．したがって，求める答えは，次の図の×印の数と等しく，1/36となります．それにしても，この中の1組を的中させるというのは至難の業です．

	1	2	3	4	5	6	7	8
1	×	×	×	×	×	×	×	×
2		×	×	×	×	×	×	×
3			×	×	×	×	×	×
4				×	×	×	×	×
5					×	×	×	×
6						×	×	×
7							×	×
8								×

どの馬が勝つかを予想しないで，でたらめに馬券を買っていては，勝てるわけがありません．そこで，専門家の予想などを参考にして自分で勝ち馬を選ぶわけですが，それでも当たるとは限りません．何しろ，競馬で家を建てた人はいない，といいますから…．

競馬紙に載っている予想師は，「絶対当たる」と宣伝していますが，彼らの予想はどの程度的中するものか調べてみましょう．

第2章 いろいろな確率分布

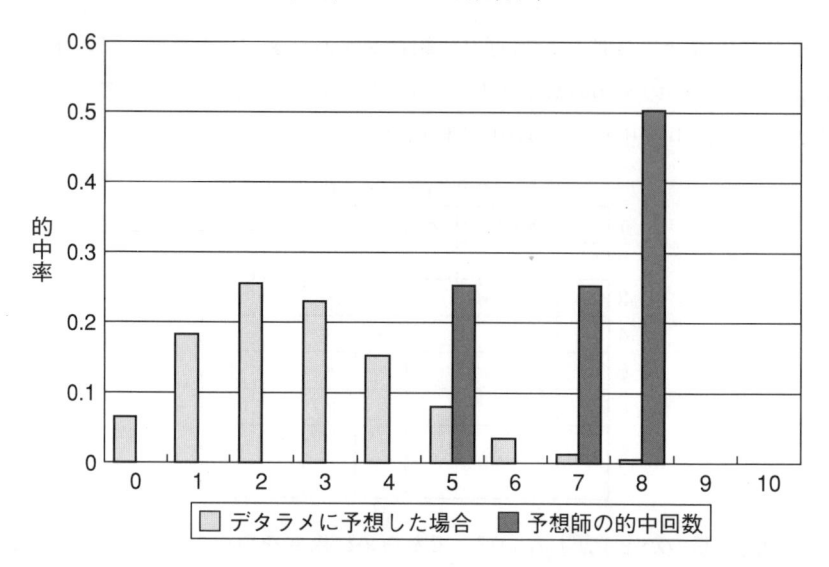

(4) インターネットから39レース,出走馬延べ総数571頭の馬の予想と実績を調べてみました.出走馬延べ総数571頭のうち39頭が優勝するのですから,どの馬にも平等に優勝する可能性があるならば,無作為に選んだ馬が優勝する確率は39/571＝0.0683 となるはずです.

ゆえに,予想師が39レースをでたらめに予想すれば,的中馬の確率は2項分布で表すことができ,次のグラフの薄い灰色の柱のようになるはずです.

$$E(X)=np=39\times 0.0683=2.6637$$
$$Var(X)=np(1-p)=2.4818$$
$$\sigma=\sqrt{2.4818}=1.5754$$

ところが,4人の競馬予想師の実績は濃い灰色の柱のようになっています.つまり,サイコロを振って選んだときより,2倍ほど的中率がよくなっています.

とはいえ,予想が当たる確率は4人の予想師平均で0.1795で,的中率は5,6回に1回程度です.ですから,予想師の予想どおりに買ったら必ず儲かる,というわけでもありません.しかし,的中率が5,6回に1回ということは,

第16節　ゲームの確率

十数頭の出場馬の中から，勝てそうな馬を5, 6頭まで絞っているという見方もできます．それでも，連勝複式となると，

$$_6C_2 = 15 \text{（通り）}$$

の組合せから選ぶことになるわけで，それでも，的中させるのはむずかしいことです．競馬で儲けるのは大変ということがよくわかるでしょう．

ミニクイズ

予想師が勝ち馬を6頭まで絞っています．それを参考にして「三連単」方式の馬券を買う場合，当たる確率は　　　分の1です．

付録1　確率分布の平均と分散

分布	パラメータ	$E(x)$	$Var(x)$
ポアソン分布	λ	λ	λ
2項分布	n, p	np	$np(1-p)$
幾何分布	p	$1/p$	q/p^2
一様分布	区間 a, b	$(a+b)/2$	$(b-a)^2/2$
指数分布	λ	$1/\lambda$	$1/\lambda^2$
正規分布	μ, σ	μ	σ^2
超幾何分布 $\frac{{}_nC_x \, {}_mC_{r-x}}{{}_{n+m}C_r}$	$p=n/(n+m)$ $q=m/(n+m)$	rp	$rpq\left(\dfrac{n+m-r}{n+m-1}\right)$
パスカル分布(負の2項分布) ${}_{y+n-1}C_y p^n(1-p)^y$	n, p, q	$\dfrac{nq}{p}$	$\dfrac{nq}{p^2}$

付録2　統計関数の Excel 関数形（1）

関数・確率分布名	Excel 関数形	備考
階乗　$n!$	FACT(n)	
組合せ記号　${}_nC_m$	COMBIN(n, m)	
標準化変換・正規化変換 $$z=\frac{x-\mu}{\sigma}$$	STANDARDIZE(x, μ, σ)	
超幾何分布 $$f(x)=\frac{{}_nC_x\,{}_mC_{r-x}}{{}_{n+m}C_r}$$	HYPGEOMDIST(標本の成功数, 標本数, 母集団の成功数, 母集団の大きさ)＝HYPGEOMDIST(x, n, r, $n+m$)	密度関数を返す
2項分布 $$f(x)={}_nC_x p^x(1-p)^{n-x}$$ $$F(x)=\sum_{y=0}^{x}{}_nC_x p^y(1-p)^{n-y}$$	BINOMDIST(成功数, 試行回数, 成功率, 関数形式) BINOMDIST(x, n, p, 0 or 1)＝	関数形式0：密度関数を返す 関数形式1：分布関数を返す
ポアソン分布 $$f(x)=P(X=x)=\frac{\lambda^x \exp(-\lambda)}{x!}$$ $$F(x)=P(X\leq x)=\sum_{y=0}^{x}\frac{\lambda^y \exp(-\lambda)}{y!}$$	POISSON(λ, 関数形式)	関数形式0：密度関数を返す 関数形式1：分布関数を返す

付録2　統計関数の Excel 関数形 (2)

関数・確率分布名	Excel 関数形	備考
幾何分布 $f(x)=P(X=x)=q^{x-1}p$ $F(x)=P(X\leq x)=1-q^x$	BINOMDIST(成功数, 試行回数, 成功率, 関数形式) $f(x)=$BINOMDIST$(1, x, p, 0)$ $F(x)$ $=1-$BINOMDIST$(0, x, p, 0)$	幾何分布は2項分布で代用
パスカル分布(負の2項分布) $p(X=x)={}_{n+x-1}C_x p^n(1-p)^x$	NEGBINOMDIST(失敗数, 成功数, 成功率) $f(x)$ $=$NEGBINOMDIST(x, n, p)	密度関数を返す
正規分布 $f(x)=\dfrac{1}{\sqrt{2\pi}}\exp(-(x-\mu)^2/2\sigma^2)$ $F(x)=P(X\leq x)=\displaystyle\int_{-\infty}^{x}f(x)\,dx$	NORMDIST(x, 平均, 標準偏差, 関数形式) $f(x)=$NORMDIST$(x, \mu, \sigma, 0)$ $F(x)=$NORMDIST$(x, \mu, \sigma, 1)$	関数形式0：密度関数を返す 関数形式1：分布関数を返す
逆正規分布 $f(p, z)$ $=\dfrac{1}{\sigma\sqrt{2\pi}}\displaystyle\int_{-\infty}^{z}\exp\left(-\dfrac{(x-\mu)^2}{2\sigma^2}\right)dx$	NORMINV(確率, 平均, 標準偏差)＝NORMINV(p, μ, σ)	$-\infty$から数えて分布確率がpになる点の値zを返す

索　引

【あ行】

アーラン分布　122
IQ　86
一様分布　113
MTBF　120
OC 曲線　135
起こりやすさ　4

【か行】

階乗記号　39
カオスの理論　2
確率　1, 2
　――変数　51
　――密度関数　51, 52, 53, 81, 117
確率論　8
偏りがない　4, 5
幾何分布　110
期待値　54
極限値　134
組合せ　7, 38
ゲームの期待値　57, 58
ゲームの利得　57
合格率　136
恒真式　11
故障モード　125
故障率　118, 125

【さ行】

事象　8
指数関数　81
指数分布　117, 118
自然対数　28
実現値　52
重心点　54
条件確率　13, 14
正規　82
　――化変換　82
積事象　10
全数検査　133
全体　3, 5
　――空間　11

【た行】

大数の法則　97
チェビシェフの不等式　93
知能指数　86
超幾何分布　61, 133
データ　1
　――の重心点　55
展開　72
統計　1
統計データ　1
　――処理　1
独立　13

155

索引

──事象　14
ド・モルガンの法則　11

【な行】

2項分布　72
抜き取り検査　133

【は行】

排反事象　13, 14
破壊検査　133
パスカルの公式　77
パスカルの三角形　77
パスカル分布　110
反復抽出　13
否定　11, 12
非反復抽出　14
標準　82
　──化変換　82
　──偏差　55, 81, 86
標本　66
品質保証　133
負の2項分布　110
部分　3, 5
不偏推定値　97
不良品率　134
分散　55
分子　5, 8
分布関数　51
分母　5, 8
平均故障間隔　120
平均試行数　101

平均待ち時間　29
平均値　54, 55, 81, 86
　──からのズレ　55
ベイズの定理　33
ポアソン分布　102
母集団　66

【ま行】

密度関数　51
無作為　5

【や行】

余事象　11
予測　2

【ら行】

乱数　5
ランダム　4
　──な試行　4
離散型確率分布　53
累積分布関数　51, 52, 53, 82, 117
連続型確率分布　53
論理式　11
論理積　10
論理和　9

【わ行】

ワイブル分布　125
和事象　9

[監修者紹介]

大村　平（工学博士）
おおむら　ひとし

1930年　秋田県に生まれる
1953年　東京工業大学機械工学科卒業
　　　　空幕技術部長，航空実験団司令，西部航空方面隊司令官，航空幕僚長を歴任
1987年　退官．その後，防衛庁技術研究本部技術顧問，お茶の水女子大学非常勤講師，日本電気株式会社顧問などを歴任
現　在　（社）日本航空宇宙工業会顧問など

著　書　『確率のはなし（改訂版）』，『統計のはなし（改訂版）』，『QC数学のはなし』（以上，日科技連出版社），『仕事力を10倍高める数学思考トレーニング』（PHP研究所），『今日から使える微積分』（講談社）など

[著者紹介]

小幡　卓（Ph. D. for OR and Statistics）
おばた　たかし

1941年　新潟県に生まれる
1964年　防衛大学校卒業
1966年　米国レンセラー工科大学(PRI)オペレーションズリサーチ・統計と確率修士号取得
1978年　米国レンセラー工科大学(PRI)経営工学科博士課程修了
1980年　オペレーションズリサーチ・統計と確率博士号取得
1986-1987年　米国スタンフォード大学客員研究員

著　書　『パソコンデータ分析（回帰分析編）』（技術評論社），『ゲームの知的必勝法』（日刊工業新聞社）など

演習　確率のはなし

2005年6月25日　第1刷発行

　　　　　　　　　　　監　修　大　村　　　平
　　　　　　　　　　　著　者　小　幡　　　卓
　　　　　　　　　　　発行人　谷　口　弘　芳

　　　　　　　　　　　発行所　株式会社　日科技連出版社
　　　　　検　印　　　〒151-0051　東京都渋谷区千駄ヶ谷5-4-2
　　　　　省　略　　　　　　電話　出版　03-5379-1244
　　　　　　　　　　　　　　　　　営業　03-5379-1238〜9
　　　　　　　　　　　　　　　振替口座　東京00170-1-7309

Printed in Japan　　　　印刷・製本　東洋経済印刷株式会社

© Takashi Obata 2005
ISBN 4-8171-9149-X
URL http://www.juse-p.co.jp/

〈本書の全部または一部を無断で複写複製（コピー）することは，著作権法上での例外を除き，禁じられています．〉

大村平の
ほんとうにわかる数学の本

■もっとわかりやすく，手軽に読める本が欲しい！ この要望に応えるのが本シリーズの使命です．

好評重版！　確率のはなし（改訂）
　　　　　　統計のはなし（改訂）
　　　　　　微積分のはなし（上）
　　　　　　微積分のはなし（下）
　　　　　　関数のはなし（上）
　　　　　　関数のはなし（下）
　　　　　　方程式のはなし
　　　　　　行列とベクトルのはなし
　　　　　　図形のはなし
　　　　　　統計解析のはなし
　　　　　　数のはなし
　　　　　　論理と集合のはなし
　　　　　　数学公式のはなし
　　　　　　美しい数学のはなし（上）
　　　　　　美しい数学のはなし（下）
　　　　　　数理パズルのはなし
　　　　　　幾何のはなし

大村平の
ベスト アンド ロングセラー

■ビジネスマンや学生の教養書として広く読まれています．

好評重版！　評価と数量化のはなし
　　　　　　実験計画と分散分析のはなし
　　　　　　多変量解析のはなし
　　　　　　信頼性工学のはなし
　　　　　　OR のはなし
　　　　　　戦略ゲームのはなし
　　　　　　シミュレーションのはなし
　　　　　　情報のはなし
　　　　　　システムのはなし
　　　　　　人工知能のはなし
　　　　　　予測のはなし
　　　　　　ビジネス数学のはなし（上）
　　　　　　ビジネス数学のはなし（下）
　　　　　　実験と評価のはなし
　　　　　　情報数学のはなし